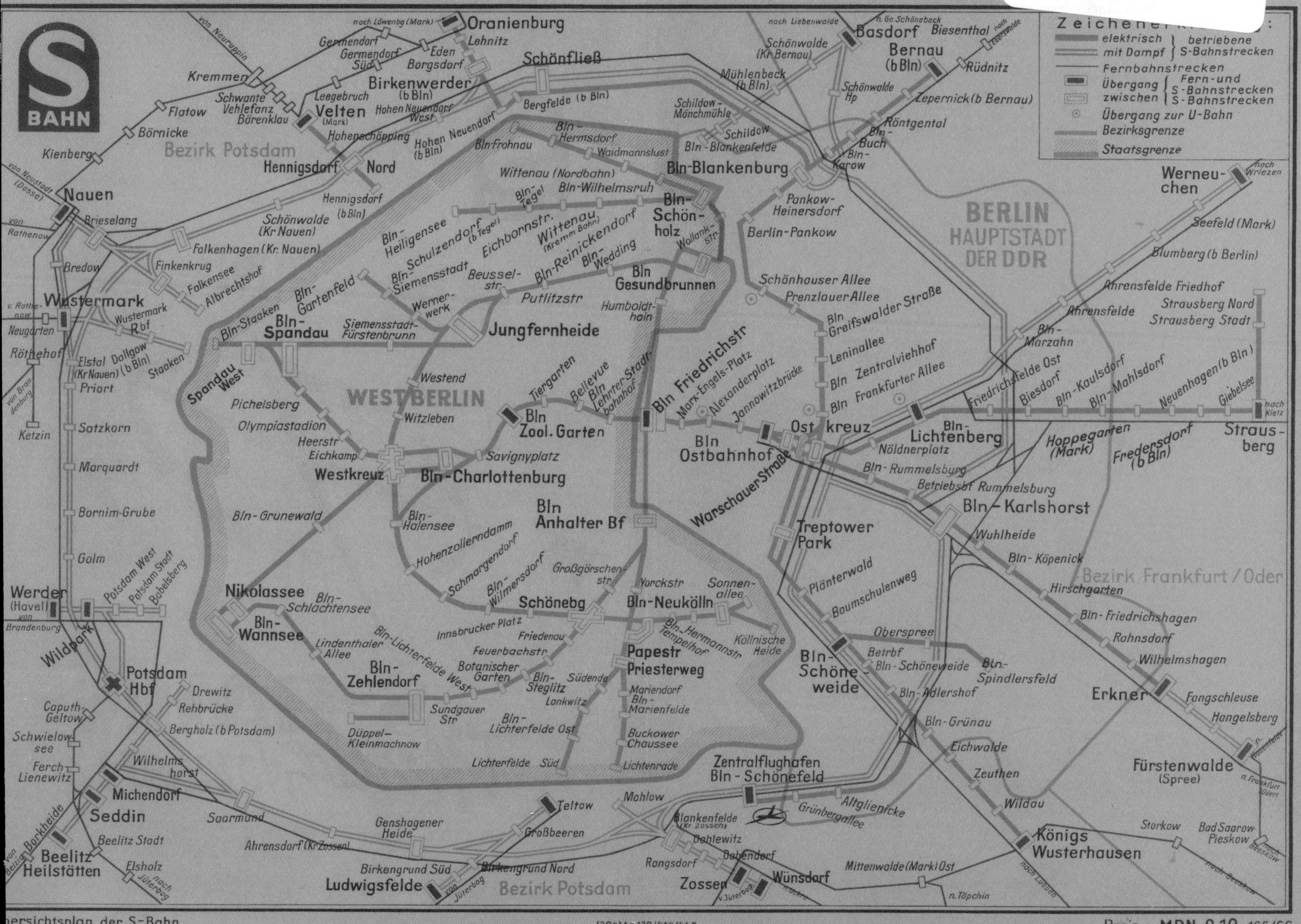




(204) Ag 130/414/66C

Preis : MDN 0,10 165/66

Einsteigen bitte, Türen schließen!

Erkner
S3 5
Mahlsdorf
S5 51

# Einsteigen bitte, Türen schließen!

S-Bahn-Erinnerungen
von Horst Bosetzky

In Zusammenarbeit mit dem Berliner S-Bahn-Museum

Jaron Verlag

*Abbildung auf Seite 2:*
Betriebsamkeit am Hauptbahnhof. Die Züge nach Erkner und Mahlsdorf fahren in Richtung Warschauer Straße. Der Zug ganz rechts fährt nach Westen, der daneben wartet in der Kehranlage auf seinen Einsatz nach Ahrensfelde.

*Abbildungen auf Vor- und Nachsatz:*
S-Bahn-Streckennetze aus den Jahren 1952 und 1966

1. Auflage 1997

Umschlaggestaltung: Atelier Werner Kattner, Berlin, unter Verwendung eines Fotos von Günter Schneider
Druck und Bindung: Franz Spiegel Buch GmbH
ISBN 3-932202-22-8

# Inhalt

**Beiträge des Berliner S-Bahn-Museums**

# Vorwort

## *Der Mythos S-Bahn und einige Daten*

Die Berliner S-Bahn ist nicht nur ein Verkehrsmittel, sondern auch ein Lebensgefühl, ihre Benutzung nicht nur eine rationale, sondern auch eine kultische Handlung. Sie ist viel älter als die S-Bahn aller anderen deutschen Städte, Hamburg einmal ausgenommen, und hat wesentlich mehr sowohl an persönlichen Geschichten als auch an deutscher Geschichte zu bieten. Dies kommt der Berliner Mentalität sehr entgegen: »Ätsch, det habt ihr nich!« Die anderen haben keinen Kaiser Wilhelm gehabt, jedenfalls nicht permanent in ihren Mauern, keine Reichskanzlei, keine Tunnelsprengung, keine Blockade, keinen Ulbricht und keinen Honecker, keine Mauer und keine Wiedervereinigung, hautnah und täglich. Und keinen Vollring mit einer knappen Stunde Fahrzeit, eine Strecke ohne Ende, ein sich immer wieder schließender Kreis. Und keine Museumszüge, die nach fast siebzig Jahren noch immer im Plandienst verkehren, wie sonst in Europa nur die Lissabonner Straßenbahn.

Für all das steht die Berliner S-Bahn. Ohne sie wäre Berlin nicht eigentlich Berlin. Ohne ihr »Ööööööööh«, wenn sie anfährt, ohne ihren Geruch von Öl und Bremsstaub, ohne ihre Schmuddligkeit, ohne ihre skurrile Vielfalt. Aber davon weiter unten mehr. Kehrt man von langer Reise zurück, so fühlt man sich sofort wieder zu Hause, wenn man draußen vor den Toren den ersten Zug seiner S-Bahn sieht. S-Bahn ist Heimat im besten Sinne.

Zum besseren Verständnis des vorliegenden Buches will ich Ihnen an dieser Stelle einige Daten zur Berliner S-Bahn-Geschichte nennen.

**Kleine S-Bahn-Chronik**

*1871/77:* Bau der Berliner Ringbahn als Verbindung zwischen den verschiedenen Fern-/Vorortstrecken

*1882:* Inbetriebnahme der Stadtbahnstrecke zwischen Schlesischem Bahnhof und Charlottenburg

*1910:* Abschluß des viergleisigen Ausbaus der Ringbahn

*1924:* Nach ersten Probeläufen vor dem Ersten Weltkrieg Beginn des Gleichstrom-S-Bahnbetriebs auf der Strecke Bernau – Stettiner Vorortbahnhof

*1927/29:* »Die große Elektrisierung« der Stadt-, Ring- und Vorortstrecken

*1935:* Teileröffnung der unterirdischen Nord-Süd-Bahn zwischen Stettiner Bahnhof und Unter den Linden

*1943:* Das elektrifizierte S-Bahnnetz hat eine Länge von 285 Kilometer erreicht, in diesem Jahr werden 737 Millionen Menschen transportiert

*1945:* Nach der Einstellung des S-Bahnbetriebes in den letzten Kriegstagen fahren ab 6. Juni die ersten Zugpaare wieder zwischen Wannsee und Großgörschenstraße. Bei größeren Teilstrecken erfolgt die Wiedereröffnung stets mit girlandengeschmückten Triebwagenköpfen. In den Fenstern gibt es Pappe statt Glas

*1949:* Das 25jährige Jubiläum des elektrischen S-Bahnbetriebs wird feierlich begangen, und auf großen Transparenten – weiß auf rot – steht: »Ueber alle Sektorengrenzen hinweg rollt Deine S-Bahn«

*1956:* Mit Inbetriebnahme der Strecke nach Strausberg Nord hat das elektrifizierte Streckennetz eine Länge von 344,7 km erreicht

*1961:* Mauerbau mit Trennung des Berliner S-Bahnnetzes und S-Bahn-Boykott in Westberlin

*1980:* Nach einem Streik Westberliner Eisenbahner kommt es zur Betriebseinstellung auf etwa der Hälfte des Westberliner Netzes, d. h. von vormals 144,8 Kilometern Strecke werden nur noch 72,6 Kilometer befahren, von 78 S-Bahnhöfen werden nur noch 38 bedient. Ende 1983 sind auf diesem Rumpfnetz täglich nur noch 9000 Reisende unterwegs

*1984:* Nach massivem Bürgerprotest für die S-Bahn Übernahme des S-Bahnbetriebs in Westberlin durch die Westberliner BVG

*Ab 1990:* Nach der Wende sukzessive Wiedereröffnung der stillgelegten S-Bahnstrecken.

Möchten Sie es, liebe Leserin, lieber Leser, wesentlich genauer wissen, dann greifen Sie zur hinten angegebenen Literatur, das heißt, im Hinblick auf die Geschichte der Berliner S-Bahn insbesondere zu den Quellen, die in Klammern die Nummern 1, 9, 10, 22, 26, 56 und 57 tragen, und beachten Sie die Seiten 56, 62 und 118f. dieses Buches.

Warum nun dieses S-Bahn-Buch? Es gibt doch schon so viele – und so gute dazu! Tja ... Wenn dein Verleger ruft, sag niemals nein. Und nach dem Erfolg von »Noch jemand ohne Fahrschein?«, das ich zusammen mit Alfred Gottwaldt und Klaus Reineck (dem »Mann an der Kurbel«) geschrieben habe, hat er gerufen.

In der Einleitung zu diesem Straßenbahn-Buch habe ich mich nun weit aus dem Fenster gelehnt und geschrieben, eine alte Straßenbahn sei wie eine Geliebte für mich, jedenfalls löse sie bei mir Gefühle aus, die quasi erotisch seien. Gelte ich nun als unglaubwürdig oder als pathologischer Lustgreis, wenn ich zu Protokoll gebe, daß dies bei der Berliner S-Bahn nicht viel anders ist? Warum kann man nicht zwei Geliebte gleichzeitig haben? Unser Verkehr ist eben von besonderer Natur und läßt dies zu.

Besser und präziser als die Kollegen, die ich Ihnen mit ihren Büchern im Kapitel »Vom ersten Kilometer bis zur letzten Niete« kurz vorstellen möchte, kann ich nicht sein. In Ergänzung zu ihnen plaudere ich einfach drauflos und tippe das in den Computer, was von meinen eigenen S-Bahnfahrten im Gedächtnis abgespeichert ist. Natürlich schaue ich dabei ab und an in die spezielle S-Bahn-Literatur, die sich in den Jahren bei mir angesammelt hat: Genau 33,6 Zentimeter sind es im Augenblick.

Aber was wäre ein Buch wie dieses ohne Sachinformationen und wunderschöne Fotografien ...? Es wäre ein Nichts, denn sie entscheiden über Kauf oder Nicht-Kauf, sind also das Eigentliche, und dafür stehen Udo Dittfurth und das Berliner S-Bahn-Museum. Was soll da an unseren gemeinsamen S-Bahnfahrten noch schiefgehen?

Also, auch wenn sich die erste Aufforderung an die Reisenden und die zweite an den Triebfahrzeugführer richtet: »Einsteigen bitte, Türen schließen!«

# »Einmal 3. Klasse Eichwalde-Schmöckwitz ...«

*Mit der S-Bahn ins Paradies*

So etwa muß sich mein erster Kontakt mit der Berliner S-Bahn vollzogen haben: Meine Mutter schiebt den Kinderwagen an den Fahrkartenschalter und beugt sich nach unten, um durch die runde Öffnung in der Glasscheibe laut und deutlich zu sprechen. Die Bahnbedienstete wendet sich zum Kartendrucker, zieht an einem Hebel ... und ein Stück gelber Pappe fällt in eine stählerne Schüssel. Die Preisstufe 2 oder 3 müßte es gewesen sein, denn wir wollten von **Treptower Park** nach Eichwalde fahren, wobei in Grünau noch in den Dampfzug umgestiegen werden mußte. Eichwalde-Schmöckwitz hieß der Bahnhof im Jahre 1938 schon nicht mehr, doch meine Mutter war es von früher her noch so gewohnt. Das Geld für eine Fahrt 2. Klasse hatten meine Eltern damals nicht, und mit der 86 von Grünau nach Schmöckwitz zu fahren, hätte etwas mehr gekostet. Also nahm sie die drei Kilometer Fußmarsch willig in Kauf, getröstet durch den Gedanken, daß die frische Luft mir guttun würde.

Der Bahnhof Treptower Park kurz vor dem Zweiten Weltkrieg.

Wir stiegen ein, der Zug fuhr an.

Öööööööööh ... Da war es, das Geräusch der Elektromotoren, das man für immer und ewig in den Ohren behält. Der Sphärenklang für jeden S-Bahnnarren. Öööööööööh ... Immer heller, immer länger werdend. Man muß es nachmachen, bis keine Luft mehr in den Lungen ist. Das ist die Berliner Hymne schlechthin.

Zumeist stand meine Schmöckwitzer Oma schon in Eichwalde auf dem Bahnsteig, dem »Perron«, wie die Älteren noch sagten, um meiner Mutter beim Tragen des Kinderwagens zu helfen. Da die Bahntrasse in Eichwalde zu ebener Erde verlief (und verläuft), mußte man erst in die Tiefe steigen und dann auf steiler Treppe wieder hinauf, um auf die Straße zu gelangen.

»Mutti, ist das wieder 'ne Weltreise gewesen!« Ich höre meine Mutter noch heute stöhnen, denn wir wohnten damals in der Ossastraße – Hinterhaus, drei Treppen –, und bis zum Bahnhof Treptower Park waren es eben gute drei Kilometer zu Fuß. Später ging es dann mit der 95 oder der 98 zum Bahnhof Sonnenallee und mit der S-Bahn nur noch bis Grünau.

**Sonnenallee** (von 1938 bis 1945 Braunauer Straße, davor Kaiser-Friedrich-Straße) war also in meiner Neuköllner Zeit – 1938 bis 1968 – der Ausgangspunkt aller S-Bahnfahrten. Die Gleise liegen hier hoch auf dem Damm, und das Bahnhofsgebäude aus rotem Backstein erinnert an Stationen in Schleswig-Holstein oder Niedersachsen. Unzählige Male bin ich von hier nach Schmöckwitz gefahren, zum Paradies meiner Kindheit und Jugend – siehe die beiden Romane »Brennholz für Kartoffelschalen« und »Capri und Kartoffelpuffer«. Stand man auf dem Bahnsteig, konnte man das Treiben auf der Saalestraße beobachten, aber auch den Blick über eine Industriebrache genießen, wie sie für Berlin so typisch ist: vergammelte Lagerhallen, rattenverseuchte Schrottplätze, rachitische Bäume und staubgraue Sträucher. Dazwischen der Neuköllner Schiffahrtskanal. Zu warten war auf den »Vollring über Papestraße«, der im weiten Bogen von Treptow her kam. Endlich tauchte er auf. In den fünfziger Jahren war es ein Zug der Baureihe 165, also ein Triebwagen mit vielen Nieten und den beiden Oberwagenlaternen, die wie die Fühler eines Marienkäfers aussahen.

Da niemand ausstieg, mußte ich die Klinken selber packen und die Türen auseinanderziehen, was mir mit einigem Stöhnen gelang, hatte ich zu Hause doch einen Expander, mit dem ich regelmäßig übte. Aber schön waren sie ja, diese wohlgeformten Gebilde aus Messing und später Aluminiumguß. Ohne sie wäre die S-Bahn nicht sie selbst. Michael Braun (siehe Quelle 17) ist ihrer Geschichte – und die der Türen – mit all ihren Ver-

Das Empfangsgebäude des heutigen S-Bahnhofs Sonnenallee (damals noch Kaiser-Friedrich-Straße) in Neukölln in den 30er Jahren.

Messingtürklinken, wie sie in den 20er und 30er Jahren an den S-Bahnwagen typisch waren.

Warn-, Hinweis- und Verbotsschilder waren früher zuhauf in den Zügen zu finden.

ästelungen nachgegangen und beschreibt, wie die bei der U- und Straßenbahn schon bewährte Klinke der Firma Kiekert auch bei der S-Bahn Einzug halten konnte: »Sie besaß in etwa Tropfenform und war – hängend – innen wie außen auf gleicher Höhe angebracht.«

Ach ja, die Türen. Was es da alles an Aufschriften gab. Draußen auf Emailleschildern zum Beispiel: »Raucher« (weiß auf rot) oder »Nichtraucher« (schwarz auf weiß). Und innen erst. Quer über der Tür: »Nichtraucher«. Dann auf dem linken Türflügel oben mit roten Buchstaben und im Kästchen: »Eigenmächtiges Aussteigen beim Halt auf freier Strecke untersagt.« Als Pendant dazu

An der Außenseite des Zuges befestigtes Raucher-Schild aus der Vorkriegszeit.

auf dem rechten Türflügel: »Nicht öffnen während der Fahrt – Lebensgefahr!« Und über der rechten Klinke dann senkrecht und wesentlich kleiner: »Das gewaltsame Offenhalten der Tür während des selbsttätigen Schließens führt zu schweren Türschäden und ist daher bei Strafe verboten/Tür schließen.«

Ich habe das über viele Jahre hinweg immer wieder gelesen und werde es noch auf dem Sterbebett runterrattern können, mich auch da noch darüber ärgern, daß alle Welt »automatisch« sagt, die Bahn aber ihre Türen penetrant »selbsttätig« schließen läßt, obwohl doch ihre Automaten auch nicht »Fahrausweisausgabeselbsttuer« heißen. Hoffentlich fällt diese Anregung nicht auf den sicher vorhandenen fruchtbaren Boden.

Bis **Neukölln**, wo ich umzusteigen hatte, war es nur eine Station, und es lohnte nicht, sich nach einem Sitzplatz umzusehen. Obwohl ich als Junge immer müde war und über bleischwere Beine klagte. Sie »jummerten«, wenn ich auch nur ein paar Meter lief. Meinen Freunden ging es ebenso. Laufen war eine einzige Qual für uns, und wir hatten ständig gewaltigen Durst. Da war es besonders ärgerlich, daß auf den Bahnhöfen an den Wasserhähnen meistens »Kein Trinkwasser« stand. Viele Klassenkameraden tranken trotzdem Unmengen davon, ohne irgendwie Schaden zu nehmen. Ich nicht, denn meine Mutter hatte mir geweissagt, daß ich zumindest Diphtherie, Ruhr oder Typhus bekäme, wenn nicht Schlimmeres. Wo man trinken durfte, hing über dem brunnenähnlichen Hahn das Schild: »Trinkwasser! Mißbräuchliche Benutzung u. Verunreinigung sind verboten.« Die häufigste mißbräuchliche Benutzung war, einen großen Schluck davon in den Mund zu nehmen, auf einen seiner Klassenkameraden zuzulaufen und es ihm ins Gesicht zu sprühen, zu spucken, zu prusten.

Noch zwei andere Warnungen nervten uns als Jungen, wenn unsere Eltern wußten, daß wir S-Bahn fahren wollten: Nicht auf die Stromschiene pinkeln (»Dann bist du sofort tot!«) oder aus der offenen Tür, wenn der Zug im Bahnhof hielt (»Dann knallt die plötzlich zu, und dir wird der Puscher abgeklemmt!«).

Die übliche Mutprobe war aber meistens nur, die Tür während der Fahrt zu öffnen und sich, an den Klinken festhaltend, weit hinauszulehnen. »Bis dir mal der Kopf abgetrennt wird!« Nur einmal habe ich es erlebt – also nicht das, sondern daß sich ein mir fremder Junge, ein »Halbstarker«, während der Fahrt auf dem Sims bzw. der Wulst am Wagenkasten unten bis zum ersten Fenster gehangelt hat, um seine Freundin durchs herabgelassene Fenster küssen zu können.

Fuhr ich mit meinen Eltern nach Schmöckwitz, dann gab es auf dem Bahnhof Neukölln des öfteren Zoff, denn irgendwie stach meinen Vater und mich ausgerechnet hier der Hafer, und wir spielten beide unseren kleinen Sketch »Besuffski und Sohn mit der S-Bahn unterwegs«.

Meine Vater rülpste und tat so, als müßte er sich auf die Gleise erbrechen, während ich ihn zurückzureißen suchte.

»Von die Bahnsteigkante weg, der Zug tut kommen!«

Meine Mutter, die ein Lyzeum besucht hatte und zu den besseren Kreisen gerechnet werden wollte, litt Höllenqualen und tat so, als hätte sie uns nie im Leben gesehen.

»He!« rief ich. »Mutta, jeh deinem Alten helfen, sonst fällta noch vor'n Zuch.«

»Ich muß mich ja schämen mit euch. Was sollen denn die Leute von uns denken ...?«

»Arbeita, meidet den Alkohol, kooft eu'an Schnaps im ›Konsum‹«, lallte mein Vater, der als ehrbarer Technischer Fernmeldeobersekretär sein

Heute längst aus der Mode: Trinkwasserbrunnen auf einem S-Bahnsteig.

täglich Brot verdiente und keinen Tropfen Alkohol getrunken hatte.

»Otto!«

»Ick hab mir so an dir jewöhnt«, sang mein Vater. »Vazeih ma noch mal.«

»Mir geht das nichts an«, sagte ich mit der Lieblingswendung meiner Kohlenoma.

Die anderen Fahrgäste lachten, und wir mußten nachher im Zug viel mit meiner Mutter schmusen, von jeder Seite einer, damit sie uns wieder verzieh.

Oft hatte ich auf dem Bahnhof Neukölln auf meinen Freund Gerhard zu warten. Der kam aus

Wilmersdorf und saß schon im Zug nach Grünau. Seine Eltern hatten ein Grundstück in Karolinenhof, drei Straßenbahnhaltestellen vor Schmöckwitz, und manchmal war er unpünktlich, da seine Eltern ihn auch als Arbeitssklaven hielten und immer noch was einzuholen war. Heute klappte es einmal.

»Ich fahre gern mit dir zusammen.« Gerhard hatte gerade das Buch »Wie gewinne ich Freunde?« gelesen und war tüchtig am Üben.

»Und ich fahre immer zusammen, wenn ich dich sehe.« Das hatte ich aus der Witz-Rubrik des »Telegrafs«, den in Westberlin fast alle SPD-Wähler lasen.

Der erste Kilometer auf dem Südring-Anhängsel nach Baumschulenweg war für mich immer mit ein wenig Herzklopfen verbunden, denn wie auf einer Achterbahn ging es höher und höher, und an der Ecke Mittelbuschweg und Niemetzstraße, wo wir nicht nur die Straße, sondern auch das darüber liegende nördliche Ringbahngleis auf einer kühnen Brücke überquerten, waren wir auf der Höhe des dritten Stocks eines Mietshauses. Wenn wir jetzt entgleisten und ... Ich schluckte.

In Fahrtrichtung rechts schwang sich tief unten ein Gütergleis über den Neuköllner Schiffahrtskanal. Diese Brücke haben wir Jungen, vom Fußballtraining am Dammweg kommend, oft als Abkürzung benutzt. Ich immer mit weichen Knien und zitternd. Wenn da gerade ein Zug gekommen wäre ... Das ist noch heute einer meiner Alpträume.

Der Blick ging zur Grenzallee hinüber, zum ausgedehnten Laubengelände. Da haben wir vom 1. FC Neukölln von 1895, kurz: 95, öfter gegen Cimbria Fußball gespielt.

**Köllnische Heide:** In der Nähe dieses Bahnhofs wollten meine Eltern immer gerne eine Neubauwohnung haben, und hinten am Dammweg trugen wir die meisten unserer Heimspiele aus. Gegen Stern 89, Sperber, Südstern 08 oder Marathon. Ein alter Bunker diente als Umkleidekabine, und wenn man den Ball weit übers Tor drosch, landete er bei den Laubenpiepern auf dem Mittagstisch, was selten großen Beifall fand. Um zum Platz zu gelangen, mußte man den Sackführerdamm hinuntergehen, was uns pubertierenden Knaben sehr gefiel. Weniger schön war der Schulgarten am Dammweg, wo uns ein altgedienter Unteroffizier jede Liebe zur Pflanze auszutreiben suchte. »Die 5c raustreten zum Unkrautjäten. Marsch!« Es war wie in einer Sträflingskolonie. Immer wieder versuchten wir auszubrechen. Manchmal verfolgte uns der Aufseher bis zur S-Bahn. Welch Glück, wenn der Zug gerade kam und man hineinspringen konnte.

Lange vor dem 13. August 1961 waren hier schon hölzerne Seitenbahnsteige errichtet worden, um die Leute zur Kontrolle aus dem Zug zu holen, doch hat man sie meines Wissens nie benutzt.

**Baumschulenweg:** Ein Bahnhof, der mich schon immer fasziniert hatte. Im Garten meiner Oma in Schmöckwitz habe ich ihn öfter nachzubauen versucht, wobei nasser dunkler Sand – grauschwarze Eierpampe – als Beton zu dienen hatte. In Baumschulenweg gab (und gibt es), neben dem kaum noch benutzten Bahnsteig für die Fernbahn, einen Bahnsteig mit je einem Gleis für die vom Südring und die von der Stadtbahn bzw. dem Nordring kommenden Züge. Spannend ist immer, welcher zuerst weiterfährt. Meistens sitzt man im falschen. In der Gegenrichtung, stadteinwärts also, fand (und findet) man hingegen nur ein Gleis und einen Seitenbahnsteig. »Was Menschengeist so vermag!« Wie meine Schmöckwitzer Oma immer sagte. Andererseits aber war und ist in Baumschulenweg auch auszusteigen,

Der Bahnhof Baumschulenweg in den 50er Jahren. Der Zug, aus dessen Führerstand fotografiert wurde, kommt aus Köllnische Heide und fährt Richtung Schöneweide.

wenn man zum Friedhof an der Kiefholzstraße will, wo ein Teil meiner Vorfahren seine letzte Ruhestätte hat. So meine Kohlen- und meine Schmöckwitzer Oma. Auch Onkel Berthold, der zwölf Jahre im KZ gesessen hat, liegt hier. Gleich nach dem Krieg hatte er in Neukölln das Lebensmittelmagazin im Warenhaus Tietz verwaltet, um später stellvertretender Bezirksbürgermeister in Ostberlin zu werden. Die SED hat auf seinen Grabstein groß »Sein Leben war Kampf« schreiben lassen. Seine Frau war meine Tante Grete. »Tante Grete, du wohnst jetzt in Johannisthal?« – »Ja, der Johannes hat mir einen Aal gebracht.« Sie war überaus schwerhörig.

Gerhard und ich legten stets ein merkwürdiges Ritual an den Tag, wenn der Zug Baumschulenweg verlassen hatte und über den Britzer Zweigkanal dröhnte: Wir drehten unsere Köpfe starr weg vom Friedhof und zur Schnellerstraße hin. »Wer zum Friedhof guckt und einen Grabstein sieht, stirbt eine Woche später und kommt dahin.« Wir haben das tatsächlich geglaubt. Und daß etwas Wahres daran ist, zeigt ja die Tatsache, daß wir beide heute noch leben.

Oft blieb der Blick an den Schildern hängen, die das Rauchen untersagten. Und lange vor dem Englischunterricht in der Schule lernte ich: »Do not smoke.« Den französischen Text sprach und dachte ich immer auf Deutsch: »Défense de fumer.« »Fumer« ausgesprochen wie »Puma«, nur mit F vorne. Oder trügt mich da meine Erinnerung?

Am 13. Oktober 1957 haben wir – nach Karolinenhof bzw. Schmöckwitz unterwegs – auf dem Bahnhof Baumschulenweg ganz schön gezittert. Da hatte es in Ostberlin einen Währungsumtausch gegeben, und alle Westberliner hatten aussteigen müssen. Wehe dem, der illegalerweise viel Ostgeld bei sich hatte. Wir beide nicht, aber Gerhards Vater, der diejenigen entlohnen wollte, die sein Ostberliner Grundstück in Ordnung hielten. Was blieb ihm übrig, als sein dickes Bündel Ostgeld ganz schnell in der Toilette zu verlieren.

**Schöneweide:** Lang, lang ist's her, daß meine Schmöckwitzer Oma mit Oskar, ihrem Mann, und ihren Töchtern Hilde und Gerda hier ein Ruderboot liegen hatte. Am grünen Strand der Spree. Ehe das alles eine einzige große Industrielandschaft geworden war. Mein Onkel hat hier bei der AEG als Karusseldreher gearbeitet, also nicht auf dem betriebseigenen Rummel, wie ich als Kind immer gedacht habe, sondern an einer riesigen Drehbank bzw. Drehmaschine, bei dem das Werkstück auf einer großen Scheibe ruhte und der Stichel außen angebracht war. »Oberschweineöde« sagte Gerhard zu Oberschöneweide. Für mich hatte Schöneweide immer noch einen frohen und verheißungsvollen Klang, denn gleich nach dem Bahnhof kam ja rechts das Paradies für alle Eisenbahnnarren …

**Betriebsbahnhof Schöneweide:** Und da im Bw, im Bahnbetriebswerk, gab es damals alles, wovon Modellbahner träumten: den Eselsrücken, den Ringlokschuppen, aus gelben Steinen gemauert, den Wasserkran, Dampfloks vieler Arten, Gleisharfen, abgestellte Züge … und und und.

Auf der anderen Seite lag und liegt das alte RAW, das Reichsbahnausbesserungswerk, das früher den Namen »Roman Chwalek« trug und für Westberliner immer ein Beweis der fortschreitenden »Russifizierung« des anderen deutschen Staates war. Dort, wo alle S-Bahnzüge aufgefrischt und sogar Reko-Straßenbahnwagen gebaut wurden, wäre ich gerne einmal herumgestromert, was aber für mich als Ausländer unvorstellbar war. Hinter dem Werkstattgelände huschte ein Halbzug durch die Büsche. Da war die Strecke nach Spindlersfeld. Schöneweide – Oberspree – Spindlersfeld. Es ist seither eine ewige Sehnsucht, dort einmal entlangzufahren, so wie ja Robinson auch immer wieder davon geträumt hat, die andere Seite seiner Insel kennenzulernen.

Jetzt gab es andere Genüsse. Eine Schar blauweißer Mädchen war eingestiegen, in unserem Alter alle. Sie hatten so etwas Frisches, Sportliches, wie wir es liebten, und ich hätte mit mindestens sechs von ihnen sofort in mein Paddelboot klettern und dann abends im Zelt liegen mögen. Es wäre schön gewesen, DDR-Bürger zu sein …

**Adlershof:** Onkel Karlchen wohnte hier. Klein und dick. Er arbeitete beim »Neuen Deutschland« im Kader und zitierte immer, wenn er seine Mutter sah, »unser Tante Trudchen«, Tucholskys »Mutter, deine Hände«. Über die Beziehung zu seiner Mutter hatte mein Vater mal gedichtet: »Tante Trudchen guckt nur scharf, und gleich weiß Karlchen, ob er darf.« Er war der Cousin meiner Mutter, hatte sich als Kind immer als Kaminkehrer verkleidet und gerufen: »Das A(r)schloch zu, der Schornsteigerfeger kommt.«

Der Zug fuhr wieder an und glitt über den Teltowkanal. Ein NVA-Soldat, das Gewehr geschultert, hielt einsam Wacht, auf daß die bösen CIA-Agenten die Brücke nicht sprengten.

Es folgte das Grünauer Kreuz, das ich gern einmal im Maßstab 1:87 nachbauen möchte, aber leider habe ich noch immer keine eigene Turnhalle für meine Modelleisenbahn zur Verfügung.

**Grünau:** Hier hatte man als Westberliner auszusteigen. Fuhr man weiter nach Eichwalde, Zeuthen, Wildau oder Königs Wusterhausen, wurde man prompt verhaftet und stundenlang verhört, manchmal bis zum nächsten Morgen. Auch ging das Gerücht, daß man nur wieder freigelassen wurde, wenn man sich verpflichtete, für die Stasi zu arbeiten. Was dann wieder auf westlicher Seite zu intensiven Vernehmungen führte. Man tat also gut daran, voll konzentriert zu sein.

Doch auch so war das Verlassen des Bahnhofs eine spannende Sache, denn unten in der Wanne saß immer ein überaus wachsamer Reichsbahner, dem man die Fahrkarte aushändigen mußte. Anhand des bei Fahrtantritt von seinem Kollegen mit der Lochzange hineingestanzten Bahnhofskürzels – zum Beispiel »So« für Sonnenallee – konnte er erkennen, ob man am Fahrkartenschalter die richtige Preisstufe angegeben hatte. Zudem war der Tag hinten in die Pappe eingeprägt. Wehe, man hatte schummeln wollen.

Das mit der Preisstufe war ein Kapitel für sich. Als Junge hatte ich die entsprechende Übersicht – die »Zoneneinteilung« – zunächst für etwas anderes gehalten, eine Schieß- bzw. Zielscheibe nämlich. So sah sie jedenfalls aus. Mittendrin war das F für Friedrichstraße. Der Vollring bildete den inneren, den kleinsten Kreis und trug keine Ziffer, so daß ich anfangs dachte, dort würde man umsonst fahren können. Alle Streckenäste wurden von den vier gepunkteten bzw. gestrichelten Kreisen durchschnitten. Auf meiner Lieblingsstrecke sah das so aus: Sonnenallee lag in der unbezeichneten Mitte, Neukölln ebenso. Preisstufe 1 – die Zone also zwischen dem ersten und dem zweiten Kreis – begann Köllnische Heide und ging bis Adlershof. Preisstufe 2 reichte bis Eichwalde, schloß also Grünau, meinen Zielbahnhof, ein. Die übrige Strecke bis Königs Wusterhausen lag in der Preisstufenzone 3. Der Kreis zwischen den Preisstufen 4 und 5 war im mathematischen Sinne eigentlich gar keiner mehr, sondern bestand nur aus einem kaum zentimeterlangen Stückchen zwischen Hangelsberg (Preisstufe 4) und Fürstenwalde (Preisstufe 5), beide »mit Dampf betriebene S-Bahnstrecken«, wie es offiziell hieß. Fürstenwalde war die einzige Station in der Zone 5, »außerhalb«, in die Zone 4 fielen noch Wünsdorf, Seddin, Beelitz Heilstätten und Werder, allesamt nicht elektrisch betrieben. Die Preisstufen waren: 1 = 20, 2 = 30, 3 = 50, 4 = 70, 5 = 100, 6 = 110, 7 = 120, 8 = 130 Dpf. Das durchzurechnen war für

Das Empfangsgebäude des S-Bahnhofs Grünau, ein Bau aus den 50er Jahren.

Netzspinne mit Tarifzoneneinteilung aus dem Jahre 1951

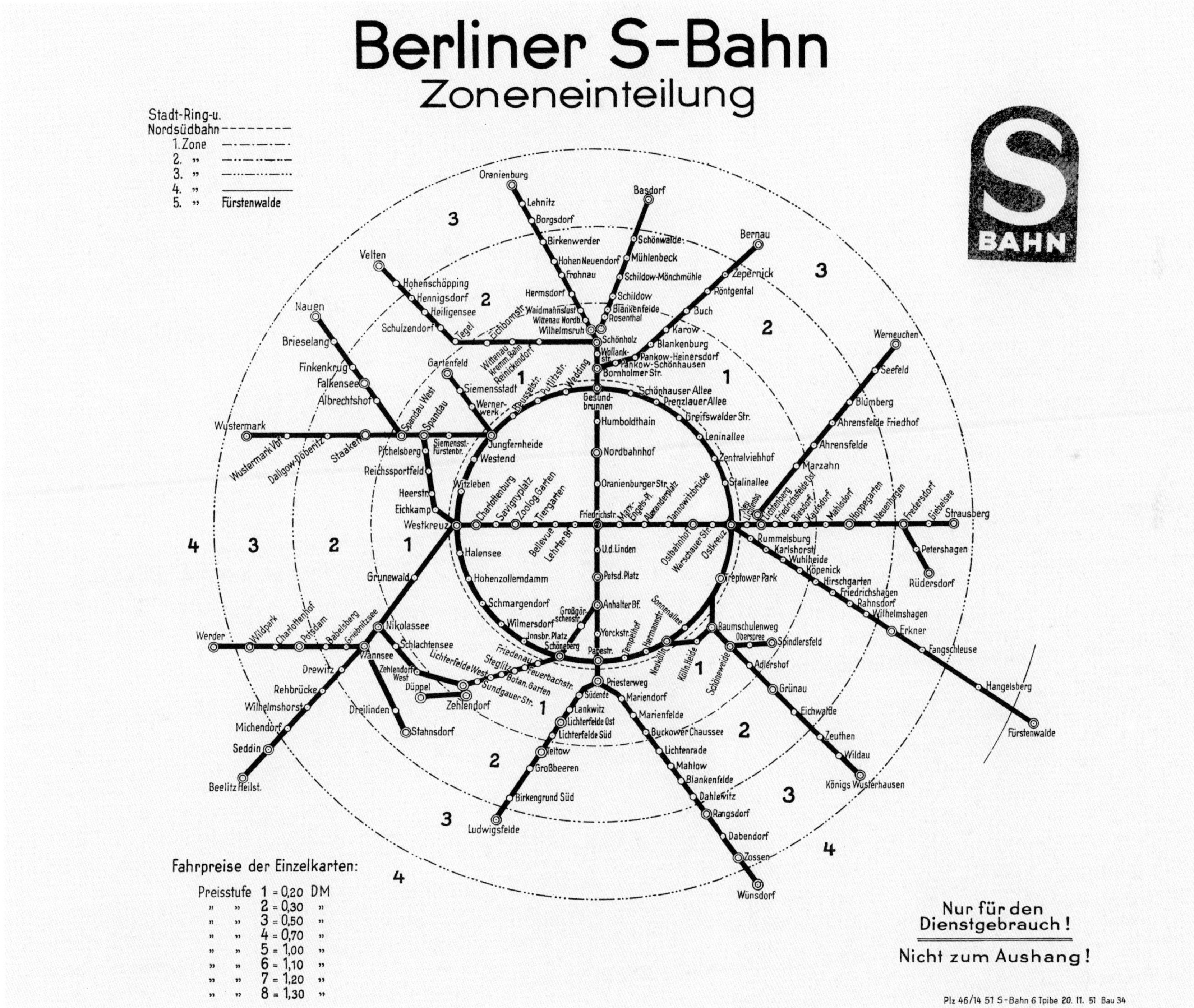
Berliner S-Bahn
Zoneneinteilung
Stadt-Ring-u.
Nordsüdbahn
1. Zone
2. „
3. „
4. „
5. „ Fürstenwalde
S BAHN
Oranienburg
Lehnitz
Borgsdorf
Birkenwerder
Hohen Neuendorf
Frohnau
Hermsdorf
Waidmannslust
Wittenau Nordb.
Wilhelmsruh
Basdorf
Schönwalde
Mühlenbeck
Schildow-Mönchmühle
Schildow
Blankenfelde
Rosenthal
Bernau
Zepernick
Röntgental
Buch
Karow
Blankenburg
Pankow-Heinersdorf
Pankow-Schönhausen
Schönholz
Bornholmer Str.
Velten
Hohenschöpping
Hennigsdorf
Heiligensee
Schulzendorf
Tegel
Eichbornstr.
Wittenau Kremm. Bahn
Reinickendorf
Nauen
Brieselang
Finkenkrug
Falkensee
Albrechtshof
Wustermark
Wustermark Vbf
Dallgow-Döberitz
Staaken
Spandau West
Spandau
Pichelsberg
Reichssportfeld
Heerstr.
Eichkamp
Westkreuz
Gartenfeld
Siemensstadt
Wernerwerk
Siemensst.-Fürstenbr.
Jungfernheide
Westend
Witzleben
Beusselstr.
Putlitzstr.
Wedding
Gesundbrunnen
Schönhauser Allee
Prenzlauer Allee
Greifswalder Str.
Leninallee
Zentralviehhof
Stalinallee
Humboldthain
Nordbahnhof
Oranienburger Str.
Charlottenburg
Savignyplatz
Zoolog. Garten
Tiergarten
Bellevue
Lehrter Bf.
Friedrichstr.
Marx-Engels-Pl.
Alexanderplatz
Jannowitzbrücke
Ostbahnhof
Warschauer Str.
Ostkreuz
U.d. Linden
Potsd. Platz
Anhalter Bf.
Yorckstr.
Papestr.
Großgörschenstr.
Halensee
Hohenzollerndamm
Schmargendorf
Wilmersdorf
Innsbr. Platz
Schöneberg
Tempelhof
Hermannstr.
Neukölln
Sonnenallee
Köllnische Heide
Treptower Park
Baumschulenweg
Oberspree
Spindlersfeld
Schöneweide
Adlershof
Grünau
Eichwalde
Zeuthen
Wildau
Königs Wusterhausen
Werneuchen
Seefeld
Blumberg
Ahrensfelde Friedhof
Ahrensfelde
Marzahn
Lichtenberg
Friedrichsfelde Ost
Biesdorf
Kaulsdorf
Mahlsdorf
Hoppegarten
Neuenhagen
Fredersdorf
Petershagen
Strausberg
Rüdersdorf
Rummelsburg
Karlshorst
Wuhlheide
Köpenick
Hirschgarten
Friedrichshagen
Rahnsdorf
Wilhelmshagen
Erkner
Fangschleuse
Hangelsberg
Fürstenwalde
Grunewald
Nikolassee
Schlachtensee
Wannsee
Werder
Wildpark
Charlottenhof
Potsdam
Babelsberg
Griebnitzsee
Drewitz
Rehbrücke
Wilhelmshorst
Michendorf
Seddin
Beelitz Heilst.
Dreilinden
Stahnsdorf
Zehlendorf West
Düppel
Zehlendorf
Lichterfelde West
Steglitz
Friedenau
Feuerbachstr.
Botan. Garten
Sundgauer Str.
Priesterweg
Südende
Lankwitz
Lichterfelde Ost
Lichterfelde Süd
Teltow
Großbeeren
Birkengrund Süd
Ludwigsfelde
Mariendorf
Marienfelde
Buckower Chaussee
Lichtenrade
Mahlow
Blankenfelde
Dahlewitz
Rangsdorf
Dabendorf
Zossen
Wünsdorf
Fahrpreise der Einzelkarten:
Preisstufe 1 = 0,20 DM
„ „ 2 = 0,30 „
„ „ 3 = 0,50 „
„ „ 4 = 0,70 „
„ „ 5 = 1,00 „
„ „ 6 = 1,10 „
„ „ 7 = 1,20 „
„ „ 8 = 1,30 „
Nur für den Dienstgebrauch!
Nicht zum Aushang!
Plz 46/14 51 S-Bahn 6 Tpibe 20. 11. 51 Bau 34

mich viel interessanter als das, was wir in der Schule machten. Blieb man als Erwachsener im Bereich der Stadt- und Ringbahn und in der Zone 1, kam man mit 20 Deutschen Pfennigen davon, von Sonnenallee nach Grünau hatte man als Erwachsener und unermäßigt 30 Pfennige zahlen, und am tiefsten mußte ins Portemonnaie greifen, wer von Hangelsberg nach, sagen wir, Oranienburg wollte (5 plus 3 gleich 8, also 1,30 Mark). So war das damals, als Oma und Opa noch jung und knusprig waren.

Auch bei der Wanne müssen wir noch ein wenig verweilen, denn sie ist ein weiteres »essential« der Berliner S-Bahn-Geschichte. Achteckig und aus Holz war sie, unten gänzlich geschlossen, oben verglast wie eine Loggia. Irgendwie sah sie aus wie eine in der Länge gestauchte Straßenbahn. So schmal war sie, daß ihre zwei Insassen nicht Rücken an Rücken sitzen konnten, sondern nur versetzt. Der eine blickte also, sagen wir, nach Norden, der andere, Schulter an Schulter mit ihm, nach Süden. Es konnte auch eine »Sie« sein, oft war man gemischt. Im Winter hatte man sich dicke Decken über die Knie gelegt. Wannen standen an allen Ein- und Ausgängen, zumeist unten in den Bahnhofsgebäuden, aber mitunter auch auf den Bahnsteigen oben. Auf Stationen mit hohem Fahrgastaufkommen gab es zwei Wannen, getrennt durch eine stählerne Barriere. Die Eisenbahner in den Wannen hatten zwei Funktionen: einmal die Fahrkarten bei Fahrtantritt mit einer speziellen Zange zu knipsen, und zum anderen sie bei Fahrtende zu kontrollieren und in einen bereitstehenden Kasten zu werfen, siehe oben. Sie waren absolute Autoritätspersonen, und wer heute über sie und die geringe Spannweite ihrer Tätigkeit lächelt, der hat den Geist der Jahre bis zum Wertewandel '68 nicht verstanden.

Bevor man sich einer Wanne näherte, hatte

Fahrkartenautomat aus den 30er Jahren.

Eine Aufnahme aus den 80er Jahren: Wanne auf dem Stadtbahnsteig des S-Bahnhofs Nikolassee. Den Fahrkartenautomaten ausgenommen, sieht hier noch alles so aus wie in den 30ern. Heute steht die Wanne im Berliner S-Bahn-Museum.

man – sofern man keine Monatskarte besaß, die nur hochzuhalten war – einen Fahrausweis zu lösen. Dazu konnte man a) an einen Fahrkartenschalter treten oder b) einen Automaten benutzen. Die Fahrkartenschalter waren durch ihre hohen Bögen leicht auszumachen, wie auch die Vorhallen der Bahnhöfe fast überall kleine Kathedralen waren. Man trat von rechts heran, wobei das Schild »Zugang« keine Zweifel offenließ, wie das vorgeschrieben war, und hatte die Chance, sein Gepäck auf einem runden »Drängeltischchen« abzulegen. Oft mußten die Bediensteten erst ein Fenster hochziehen, so eins, wie man es aus Amerika kennt. Ich hatte immer Angst, es würde wie ein Fallbeil herabsausen und mir die Finger abtrennen, wenn ich meine Groschen auf den Zahlteller schob, eine kleine Vertiefung aus Stahl oder Messing, wie für glitschige Seife gedacht. So sauber war sie auch immer. Man hätte draus essen können. Die absolute Sensation war für uns Kinder der drehbare, halbierte Zahlteller. Zwei Groschen in die vordere Hälfte geworfen, »Einmal Grünau« gesagt und gewartet, bis die Fahrkartenverkäuferin die gelbe Pappe – rot bedruckt für Westgeld- und schwarz bedruckt für Ostgeldzahler – in den anderen Teil des Zahltellers gelegt und ihn herumgedreht hatte. Da, wo das Schild »Abgang« angeschraubt war, verließ man ordnungsgemäß die Luke mit dem Fahrkartenschalter. Manchmal gab es auch unten eine kleine bogenförmige Durchreiche und oben in Mundhöhe ein Loch im Fensterglas, das entweder verschließbar oder mit einem durchlöcherten Plastikeinsatz versehen war. Da hatte man dann durchzusprechen. Oft aber hing das Schild »Geschlossen« hinter dem Fenster.

Für uns Kinder aber waren die hohen dunkelgrünen Fahrkartenautomaten viel schöner. Sie glichen den automatischen Waagen, die auf den U-Bahnhöfen standen. Steckte man zwei Groschen hinein, so gebaren sie die kleine gelbe Fahrkartenpappe mit einem solchen Aufwand an Fertigungsgeräuschen, daß man glauben mußte, in ihrem Innern würde in aller Eile ein kleines Auto hergestellt. Immer schien dieser Prozeß mit einer Explosion enden zu wollen.

Von Grünau ging es dann mit der 86 weiter nach Schmöckwitz, in mein Paradies. Im Garten war immer etwas los, aber das habe ich ja in den beiden genannten Romanen ausführlich beschrieben.

Fuhren wir dann Anfang der Fünfziger am Sonntagabend wieder nach Neukölln zurück, war **Grünau** der Bahnsteig voller Himmel und Menschen. In Fünferreihen standen wir da, und oft genug kamen wir nicht mit und hatten auf den nächsten Zug zu warten. Es sei denn, wir trennten uns und machten uns in der »Stückelung« 2+1 auf den Weg nach Hause. Mein Vater nämlich hatte einen Schwerbeschädigtenausweis und war damit berechtigt, mit einer Begleitperson in das Extraabteil zu steigen, aber eben nur mit *einer*. Nahm er meine Mutter mit, hatten sie Angst, daß ich verlorengehen würde, und entschied er sich für mich, fürchtete er um seine Frau. Also ließ er seine Privilegien meistens sausen.

Oft wurden wir auf dem Bahnhof **Baumschulenweg** von den Organen aus dem Zug geholt und mußten den Inhalt unserer Taschen auf einen Tisch zu schütten.

»Was ist denn das da?« wollte eine Polizistin wissen.

»Eine Zeitung.« Es war der »Telegraf«, den wir draußen im Garten gelesen hatten.

»Wissen Sie nicht, daß die Einfuhr solcher Presseerzeugnisse verboten ist?«

»Ich hab' sie ja nicht ein-, sondern nur mit mir geführt«, erwiderte mein Vater.

»Wo waren Sie?«

»Bei meiner Schwiegermutter auf ihrem Grundstück in Schmöckwitz.«

»Und Ihre Schwiegermutter hat diese Zeitung nicht gelesen?« kam die nächste Frage.

»Nein.«

»Wollen Sie mich veräppeln?«

Jetzt griff meine Mutter ein, obwohl sie vor Angst schon richtig schlotterte. »Wissen Sie, meine Mutter ist in der SED, und mein Cousin ist ein führender Funktionär bei Ihnen, die würden so etwas nie in die Hand nehmen.«

»Warten Sie bitte hier …«

Das taten wir eine Viertelstunde lang, und es war nicht eben gemütlich. Dann kam ein Leutnant und beschied uns, daß wir mit dem nächsten Zug weiterfahren durften.

Als wir **Köllnische Heide** hielten, fühlten wir uns wie neugeboren. Noch lange rätselten wir, ob die Grenzkontrolleure wirklich Nachforschungen angestellt hatten.

»Aber wir haben denen doch gar nicht unsere Namen genannt«, sagte meine Mutter.

»Die wissen doch alles.«

# Den Marschallstab im Tornister

*Mit der S-Bahn zur Lehre*

»Was willst du denn mal werden, Horst?«

»S-Bahnfahrer!«

Ich stellte mir vor, vorn im Führerstand zu sitzen, tagtäglich durch Berlin zu fahren und zu sehen, wie alles war und ständig anders wurde. Jede Fahrt zu genießen. Intensiv die vier Jahreszeiten zu erleben. In gleißender Sonne der Sommer. Erst bunt, dann grau und melancholisch der Herbst. Weiß der Winter und aprilfrisch der Frühling. Sich wie Gott an der Schöpfung erfreuen. Nichts tun, nur sitzen und mechanisch auf den Fahrschalter drücken ... und sich dennoch bewegen. Und für das alles gab es auch noch Geld. S-Bahnfahrer werden, das hieß, seine große Liebe heiraten.

»Du hast sie ja nicht mehr alle: Wozu machsten da das Abitur?«

Das war ein Argument, gegen das nicht anzukommen war. Und außerdem gehörte die S-Bahn zum Osten.

»Dann werd' ich eben Straßenbahnfahrer!«

»Die Straßenbahn wird abgeschafft.«

Auch das war richtig, und so mußte ich mir wohl oder übel etwas anderes einfallen lassen. 1956 war das. Zur Uni gegangen wäre ich schon gerne, denn Student zu sein brachte viel Prestige, doch ich wußte nicht, was denn eigentlich studieren. Lehrer mit Sport und Geschichte ging leider nicht, weil ich nicht turnen konnte, am Reck immer wie »ein nasser Sack« gehangen und eine

Die große Liebe des kleinen Horst: S-Bahnzug der Bauart Stadtbahn im Bahnhof Sonnenallee.

Fünf bekommen hatte. Soziologie hätte ich schon studieren wollen, wußte aber nicht, daß das, was ich da wollte, diesen Namen trug. Mit der Psychologie war es ebenso.

Meine Eltern waren sehr pragmatisch. »Wenn du nicht weißt, was du studieren willst, dann gehst du eben in die Lehre.«

Aber da war auch nur Leere. Fast mit Waffengewalt zwangen sie mich, Bewerbungsschreiben zu verfassen und in den Briefkasten zu werfen. »Besser die wirfste in'n Kasten als dich vor'n Zug«, sagte mein Freund Gert R. Vier Stück wurden es schließlich. Der erste Brief ging an die Post, weil mein Vater dort beschäftigt war, der zweite an die BVG (»Weil du doch deine Straßenbahn so liebst«), der dritte an die Bewag (»Strom braucht man immer«) und der vierte an die Firma Siemens, weil Onkel Erich dort als Oberingenieur hochgeachtet war. Die Aufnahmeprüfungen bei Siemens waren schwerer als das Abitur, und ich fuhr innerlich jubelnd vom Nonnendamm nach Hause, weil ich mir ganz sicher war, durchgefallen zu sein. Doch dann kam das Schreiben, daß sie sich freuen würden, mich ... Und da weder Post noch BVG und Bewag mich wollten, unterschrieben mein Erziehungsberechtigter und ich den Vertrag bei Siemens.

So war es mir beschieden, in den Jahren 1957 bis 1959 – und später noch als jobbender Student – von Neukölln nach Siemensstadt zu fahren, mit der S-Bahn natürlich. Auf dem Ring bis Jungfernheide und dann weiter mit der »Siemensbahn«. Je nachdem, wo ich gerade zur Ausbildung anzutreten hatte, waren die Stationen Wernerwerk, Siemensstadt oder Gartenfeld mein Ziel. Es war alles nicht so einfach. Das frühe Aufstehen. Und dann war verschlafen und mißmutig auf dem Bahnhof **Sonnenallee** diese Wahnsinnsentscheidung zu treffen: Lieber unten über Papestraße fahren oder oben über Gesundbrunnen? Wie Buridans Esel stand ich dann da. Auf jedem anderen Bahnhof wäre das ganz einfach gewesen, da wäre es in einer Richtung immer kürzer gewesen, aber Sonnenallee und Jungfernheide lagen sich auf dem Kreis genau gegenüber, in der Mitte sozusagen. Sowohl über den Süd- wie den Nordring ergab sich eine Fahrzeit um die 28 Minuten. Die Triebwagenführer Schulze und Meier, die sich in Sonnenallee zugewinkt hatten, konnten sich eine knappe halbe Stunde später in Jungfernheide wieder in die Augen sehen. Mal fuhr der eine Zug früher ab, mal der andere, das war kein zuverlässiges Kriterium. Also versuchte ich, meiner inneren Stimme zu folgen. Was aber, wenn es da, wie fast jeden Morgen, unentschieden stand. Später, während meines Studiums, sollte ich erfahren, daß solche Situationen manche Leute schon in die »Klapsmühle« gebracht hatten. Endlich glaubte ich, auf die rettende Idee gekommen zu sein: morgens so, abends so. Na prima, aber das löste noch immer nicht das Hauptproblem: In welchen Zug denn morgens...? Ein stures Mo Südring, Di Nordring, Mi Südring usw. behagte mir nicht, denn was, wenn es mich eigentlich in Richtung Osten zog, weil ich hinterm Treptower Park die Schiffe der »Weißen Flotte« in der Morgensonne sehen wollte, aber turnusmäßig untenrum an der Reihe war?

»Los es einfach jeden Abend vorher aus«, riet mir mein Vater.

Das tat ich dann, geriet aber in Rage, als fünfmal hintereinander obenrum kam.

»Da mußt du halt auf das ›Gesetz der großen Zahl‹ vertrauen«, sagte mein Vater. »Wenn du hunderttausend Mal gefahren bist, hat sich das alles wieder ausgeglichen.«

Bei vielleicht 225 Arbeitstagen pro anno hätte ich nach dieser Rechnung 444 Jahre fahren müssen, was mir verständlicherweise gar nicht gefiel, weil mir die drei Jahre Siemens, so gut die Lehre an sich wohl war, wie drei Jahre Gefängnis vorkamen, wenn auch mit Freigänger-Status.

Von der S-Bahn-immanenten Rationalität her, um es einmal wissenschaftlich zu sagen, wäre es klüger gewesen, immer über Gesundbrunnen und nie über Papestraße zu fahren, strukturell begründet in der Art des Bahnhofs Jungfernheide. **Jungfernheide** nämlich war ein Unikum ohnegleichen. Der Ringbahnzug aus Richtung Gesundbrunnen hielt am nördlichen Gleis des Bahnsteigs A. Dort stand am Prellbock abfahrbereit der Zug der sog. »Siemensbahn« nach Gartenfeld. Man brauchte also, wollte man umsteigen, nur ein paar Meter zu laufen. Kam man nun nach Arbeitsende von Gartenfeld oder Siemensstadt zurück, so hielt die »Siemensbahn« zuerst am Bahnsteig B, wo man gleich in den Vollring Richtung Gesundbrunnen umsteigen konnte. Erst wenn dieser Fahrgastwechsel abgeschlossen war, fuhr die »Siemensbahn« weiter zum Bahnsteig A, wo man dann in den Zug Richtung Süden springen konnte, was also umständlicher und zeitraubender war. Kam man morgens aus Richtung Papestraße, fuhr der Zug nach Gartenfeld erst zum Bahnsteig A, wo er kehren mußte, was natürlich dauerte.

Aber S-Bahn-technische Rationalität hin, S-Bahn-technische Rationalität her – immer durch den Osten fahren, wo öfter Zöllner oder Vopos durch die Wagen eilten und man das Gefühl hatte, stets mit einem Bein im Knast zu sein? Nein. Andererseits aber war es ja spannend, was sich so im anderen Deutschland tat. Es war zum Heulen.

Wie ich das Problem nun gelöst habe? Ich weiß es nicht mehr. Überlebt habe ich's jedenfalls, wenn auch mit traumatischen Folgen. Gibt es in Berlin einen Therapeuten für S-Bahn-Geschädigte? Sicher, denn wofür gibt es keinen Therapeuten. Vielleicht meldet sich einer bei mir, der sich voll auf solche Appetenz-Appetenz-Konflikte spezialisiert hat. Fährt der Vollring in den nächsten Jahren wieder, werden sich ja leicht neue Klienten auftun lassen, denn neben der Konstellation Sonnenallee–Jungfernheide ergeben sich ja noch x andere, wo die Fahrgäste hin- und hergerissen werden zwischen links und rechts. Was die Bahnsteigseite betrifft.

Wählte ich **Sonnenallee** die Südringseite, dann war beim Einsteigen wieder eine schwere Entscheidung zu treffen: Wo sitzen, auf der linken oder auf der rechten Seite? Die freie Auswahl gab es immer, denn so richtig proppenvoll waren die Züge morgens eigentlich nie. Und wo genau? In der kuschligen Ecke gleich hinter der Tür oder auf der Bank in der Mitte zwischen zwei Türen? Wollte man schlafen oder dösen, war die erste Möglichkeit die bessere, wollte man hingegen aus dem Fenster sehen, dann die zweite.

Wie auch immer, ab ging die Fahrt. Ich wär' ja so gern noch im Bette geblieben, aber der Wagen, der rollt …

**Neukölln:** Auf dem Güterbahnhof war einiges los. Vielleicht kauften mir meine Eltern bei »Kajot« demnächst einen neuen Anzug. »Kajot gekleidet, flott gekleidet.«

**Hermannstraße:** In Fahrtrichtung links war nach den Spuren der Neukölln-Mittenwalder-Eisenbahn zu suchen. Der Bahnsteig war noch intakt. Dann tauchte rechter Hand der Flughafen Tempelhof auf. Nur einmal war ich bis dahin geflogen, mit der BEA und meinen Eltern nach München. Von da dann mit der Bahn weiter nach Farchant.

**Tempelhof:** Flugzeuge dröhnten über uns hinweg. Zu Luftbrückenzeiten waren hier auch welche abgestürzt. Kopf einziehen!

Erinnerungen an vergangene Zeiten: Zugzielschilder im Triebwagenschuppen Hundekehle.

**Papestraße:** Die Kasernen schoben sich ins Bild. Auf dem Platz dazwischen hatten wir mal mit dem 1. FC Neukölln Fußball gespielt, gegen Eintracht Südring wohl. Die Gleisanlagen unten wuchsen langsam zu. Man konnte aber noch die frühere »Südringspitzkehre« zum Potsdamer Ringbahnhof erkennen, auf der die Züge bis 1944 abgebogen waren. Erst seitdem gab es den Vollring.

**Schöneberg:** »Pack die Badehose ein ...« Ich würde zehn Jahre meines Lebens dafür geben, jetzt ein freier Mensch zu sein und nicht zu Siemens zu müssen. Zum Wannsee raus, Dampfer fahren und baden. Wozu lebte man denn?

**Innsbrucker Platz:** Auch hier wäre ich gerne ausgestiegen, denn ein Stückchen weiter südwärts befand sich »Steinke & Kraus«, wohin ich immer ging, um Loks, Wagen und Weichen für meinen »Trix-Express« zu kaufen. Ich träumte davon, meine Anlage umzubauen, statt im Büro zu sitzen und verkaufte Waschmaschinen zu verbuchen. Bei der SE war ich jetzt, der Siemens-Electrogeräte AG, und zwar im Hausgerätewerk Gartenfeld.

**Wilmersdorf:** Fast wäre ich aufgestanden. Gewohnheitsmäßig. Denn hier gleich in der Nähe wohnte Gerhard, und was wäre das für ein Tag geworden, wenn wir Tischtennis gespielt und dann über den Ku'damm geschlendert wären. Stattdessen: »Türen schließen! Zurückbleiben!« Ich fühlte mich zurückgeblieben, geistig. Einer, der zu dumm für ein Studium war.

**Schmargendorf:** Hier war ich öfter ausgestiegen, um im Stadion am Lochowdamm meinen Lieblingsverein zu sehen, den BSV 92.

**Hohenzollerndamm:** Neben der S-Bahn bauten sie jetzt das erste Stück der Stadtautobahn. Ich schwor mir, nie den Führerschein zu machen.

**Halensee:** Hier gab es etwas zum Staunen: Die zweigleisige Verbindungskurve zur Stadtbahn nach Charlottenburg. Ab und an fuhren dort als Zuggruppe G Züge zwischen Mahlsdorf und Grünau. So etwas ließ mich immer wieder kindlich staunen.

**Westkreuz:** Wieder zuckte es in meinen Beinen: Umsteigen zum Olympiastadion oder in die Waldbühne.

**Witzleben:** Hinter Witzleben preßte ich die Wange an die Scheibe, denn unter der Kaiserdammbrücke hing und hängt ja in einer Art Käfig die U-Bahn nach Ruhleben, und vielleicht sah ich einen Zug vorüberhuschen.

**Westend:** Hier endete die Zuggruppe D: Westend – Südring – Köllnische Heide – Bln.-Grünau und zurück, und wenn ich im Sommer am Freitag von Siemens kam und nach Schmöckwitz wollte, stieg ich hier ein.

**Jungfernheide:** Umsteigen in die »Siemensbahn«, siehe oben. Hier war darauf zu achten, daß man keinem Vorgesetzten in die Arme lief und sich beim »Small talk« einen abquälen mußte. Auch verfeindeten Mitlehrlingen war tunlichst auszuweichen. Wenn man Glück hatte, traf man seine Freunde. Weiter ging es. *Und ein Jammern wird laut: »Wo sind wir? Wo?« / Und noch fünfzehn Minuten bis Buffalo.* So jedenfalls Theodor Fontane in seiner Ballade von John Maynard, dem wackeren Steuermann der »Schwalbe«, dem brennenden Schiff auf dem Eriesee. *Und das Schiffsvolk jubelt: »Halt aus. Hallo!« Und noch zehn Minuten bis Buffalo.* Obwohl es absurd war, dies zu denken, denn die Leute sehnten sich ja nach dem rettenden Ufer, ich aber hatte nur Siemens zu erwarten, meinen Untergang. Nach Gartenfeld waren es noch acht Minuten. Viel zu schnell, und wie jeden Morgen hoffte ich auf eine mehrstündige Betriebsstörung, zumindest aber eine »Fahrt auf Sicht«, was immer dauerte. Schade, nichts passierte. Über die Spree hinweg ging es hinein ins Imperium des Hauses Siemens. Die große Stadtautobahnbrücke bauten sie gerade.

**Wernerwerk:** Hier im nahen Wernerwerk hatte ich meine schönste Zeit bei Siemens verbracht: in der Lehrwerkstatt. Auch die werdenden Kaufleute, und ein solcher war ich ja, mußten hierher. Da mein Vater gelernter Maschinenbauer war, konnte ich das alles schon: feilen, bohren, fräsen und schmieden. Ich war, was das Handwerkliche anging, der beste Stammhauslehrling seit Jahren, aber ansonsten ... Stammhauslehrlinge, das waren die mit dem Abitur und dem Marschallstab im Tornister. Doch unter der Elite war auch eine Niete – ich. Sagten sie jedenfalls.

**Siemensstadt:** Hier war auszusteigen, wollte man zur Siemens-eigenen Schule, die sie in der ansonsten entleerten Hauptverwaltung eingerichtet hatten. Hier gab es so herrliche Fächer wie »Kaufmännisches Rechnen« und »Geschichte des Hauses«. Manchmal machte ich noch einen Abstecher zu Tante Trudchen, die nahebei in der Grammestraße wohnte. Nur Donnerstag war es schlecht, denn das war der Tag, wo sie sich mit ihrer kleinen Rente eine Flasche Malzbier gönnte. Und wenn sie mir die dann partout abtreten wollte, dann war ich immer ziemlich hilflos.

Tante Trudchen war so klein, daß sie von einigen Verwandten »Pumpelchen« genannt wurde, und sie hatte es wegen ihrer rachitisch verformten Beine schwer, die langen und steilen Treppen auf den S-Bahnhöfen zu erklimmen, mußte sich gleichsam am Geländer nach oben ziehen. Da ihr das zumeist schmutzige Finger bescherte, reiste sie seit einiger Zeit nur noch mit einem gelben Putztuch in der Tasche, das sie beim Auf- und Abstieg wie einen Schutzhandschuh benutzte.

**Gartenfeld:** »Endstation, alles aussteigen bitte!« Ein Kopfbahnhof mit Charme. Die Balkenkonstruktion des Daches ließ mich an eine langgestreckte Sommerlaube denken. Plötzlich war man irgendwo auf dem Lande. Ja, denkste! Nach Überqueren des Spandauer Schiffahrtkanals hatte ich schon den gemeinsamen Eingang von Hausgeräte- und Kabelwerk erreicht. Bis halb fünf galt es nun, im Büro zu hocken. Wieder ein verschenkter Tag.

Endlich Feierabend! Zurück nach Neukölln, diesmal aber von Jungfernheide aus über den Nordring.

**Beusselstraße:** Hier war zu gucken, ob der Viertelzug nach Staaken – über Jungfernheide und Siemensstadt-Fürstenbrunn – irgendwo stand, die Zuggruppe N. Zwei Wagen waren das nur, ein Viertelzug also, gebildet aber aus der Bauart »Peenemünde«. Das sah alles so richtig nach Kleinbahn aus.

**Putlitzstraße:** Linker Hand erstreckte sich hier das Bewag-Kraftwerk, und da sah ich immer vor

S-Bahn-Kiosk – hier auf dem Bahnhof Beusselstraße – mit typischen Accessoires, einschließlich des Lochblechmülleimers, der für die S-Bahn in Westberlin notorisch war.

mir, wie wir 1947 vom Hamstern aus Groß Pankow nach Hause kamen, auf der Hamburger Bahn und mit dem Lehrter Bahnhof als Ziel. Oft stand der überfüllte Zug hier und wartete. Mit großen Augen verfolgte ich dann, wie die Kohlen über die Bänder liefen ... und wußte damals nicht, daß Groß Pankow etwas mit Putlitz zu tun hatte, mit den Edlen Gänsen zu Putlitz. Caspar Gans von Putlitz kämpfte an der Seite der Quitzows gegen den Burggrafen Friedrich IV. von Nürnberg, den ersten Hohenzollern in der Mark. Und Groß Pankow gehörte dem Putlitz-Clan. Noch heute finden sich die weißen Gänse im Wappen am Giebel des Schlosses, das nun eine bekannte Augenklinik ist.

**Wedding:** Meilenweit konnte man die Müllerstraße hinuntersehen. Oft bin ich hier ausgestiegen, um mir im nahen Modellbahnladen das neueste MIBA-Heft zu kaufen, meinen positiven Anker, wie das heute bei den NLP-Psychologen heißt, um in meiner Siemens-Zeit nicht kaputtzugehen.

Weiter ging es. Es tauchte der Hochbunker auf, der sich nicht sprengen ließ. »Auf einer Bank im Humboldthain stand: Ja, Noris ist ein guter Weinbrand.« Wir fuhren über die Gleise der Nord-Süd-Bahn hinweg.

**Gesundbrunnen:** Hier war der Kiosk immer ganz besonders dicht umlagert. Arbeiter standen da, die Bierflasche vor sich auf dem umlaufenden Brett. Einige hingen immer direkt vor der Luke, um mit Wirt oder Wirtin ganz besonders intensiv zu schnacken, und wenn man als Kind sein Eis kaufen wollte, störte man nur. Den Ausdruck Stehcafé gibt es ja, den der Stehkneipe nicht, aber die Kioske auf den S-Bahnhöfen waren welche. »Erfrischungen« stand oben am Transparentkasten und »Kindl Pils«, möglicherweise geschaffen von Karlheinz, meinem nichtehelichen Schwiegervater, einem vortrefflichen »Schildermaler- und Lichtreklamenherstellermeister«. Gott, war der böse, zu recht, als eine seine Töchter heiratet, er der Trauzeuge ist und es der gestreßten Standesbeamtin beim mehrmaligen Vorlesen und Herumstottern entfährt: »Ist das aber ein perverser Beruf!« Anhand der herausgehängten Fahne »Heisse Wurst« habe ich als Kind das Blödeln gelernt. Geht mein Vater auf einen Kiosk zu und sagt: »Guten Tag, Herr Wurst, heiße Bosetzky.«

Wenn ich zu meiner Kohlenoma nach Kreuzberg wollte, bin ich hier immer in die U-Bahn umgestiegen, in die blaue Linie D. Der lange Tunnel zwischen S- und U-Bahn war ein besonderes Erlebnis.

**Schönhauser Allee:** Monat für Monat nahm ich mir vor, hier einmal aussteigen, um zum ersten Mal in meinem Leben mit der U-Bahnlinie A I/A II zu fahren, der anderen Berliner Hochbahnstrecke – neben der in Kreuzberg. In meinem Bewußtsein gab es sie nicht, und wenn ich Stationsnamen las wie Senefelder Platz oder Dimitroffstraße, dann glaubte ich, in einer anderen Stadt zu sein, und war sekundenlang zu meinem großen Erschrecken ziemlich verwirrt. War das der Beginn einer schweren psychischen Erkrankung? Zwar sagte ich mir immer: »Besser Siemens als Demenz« (= Intelligenz- und Persönlichkeitsabbau im Sinne einer Degeneration), aber war das denn absolut sicher? Weiter.

**Prenzlauer Allee:** Links und rechts des Einschnitts, in dem wir uns befanden, war für mich die absolute »Terra incognita«. So wie die Deutschen vor dem Krieg, wollten sie nach Königsberg, im »Korridor« durch Polen gefahren sind, rollte ich jetzt durch Ostberlin, durch die DDR hindurch ... und sah natürlich mit den Augen des Westlers nur das Grau und den Verfall.

Am Ende des Bahnsteigs hatte man einen Haufen Braunkohle auf das Pflaster geschüttet.

**Greifswalder Straße:** Hier sah ich ein jedes Mal die Greifswalder Straße hinauf und erinnerte mich, wie ich vor Ewigkeiten – immerhin fünf Jahre war es her – mit dem 1. FC Neukölln zum Spiel an der Weißenseer Rennbahn gefahren war. Mit der Straßenbahn, der 74, im schönen Maximum-Triebwagen. Gute zwanzig Jahre später – als ich mit einem Passierschein in die Hauptstadt der DDR eingereist war – erschrak ich, als Ostkreuz plötzlich ein Zug mit dem Zielschild »Ernst-Thälmann-Park« einfuhr. Gott, wo war denn das? Wieder hatte ich das elende »Lost in Berlin«-Gefühl. Den Stationsvorsteher zu fragen, wagte ich nicht, denn die allgemeine Hysterie war auch an mir nicht spurlos vorübergegangen: Der denkt dann, du bist ein Spion, und läßt dich von einem Stasimann beschatten. Meine Schmöckwitzer Verwandten klärten mich dann auf, daß man Greifswalder Straße umbenannt hatte.

**Leninallee:** Diesen Stationsnamen suchte ich immer auszublenden, denn Lenin, das war für mich das Synonym für Angst, die Angst der Westberliner, eines Tages doch von der DDR geschluckt zu werden. Zu Hause blieb das für uns Landsberger Allee, nicht zuletzt deswegen, weil in der Landsberger Allee – und nicht in der Leninallee – die Familie Buchholz gewohnt hatte: Wilhelmine Buchholz, ihr lieber Karl, der »Wollenwarenhändler«, und die Töchter Betti und Emmi. Julius Stindes »Die Familie Buchholz« ist eines meiner absoluten Lieblingsbücher, Vorbild meiner »Brennholz-Trilogie«, und natürlich gibt es da – beginnend auf der Seite 251 – auch eine Fahrt mit der S-Bahn, wenn auch noch zu Dampflokzeiten und auf einer anderen Strecke:

Nach der Wende wurde der politisch nicht mehr genehme Name eliminiert. Heute heißt der Bahnhof wieder Landsberger Allee.

*Ich war noch nicht mit der Stadtbahn gefahren, die Kinder auch nicht, und deshalb sagte ich zu meinem Karl, es könnte doch wohl nichts Reizvolleres geben, als am ersten Pfingsttage einen Ausflug mit teilweiser Benutzung der Stadtbahn zu machen. Dies käme billiger als alles andere, sei belehrend und interessant ... »Siehst du, mein süßer Karl«, sagte ich, »am ersten Feiertag findet man schon Platz; schöner können wir es gar nicht wünschen.« – Ehe mein Karl antworten konnte, hielten wir schon auf dem Bahnhof Börse ... Und so dampften wir aus Berlin heraus am Zoologischen Garten vorbei nach dem Stadtbahnhof Charlottenburg, und von da gingen wir zu Fuß unter dem Viadukt durch, über die Heide nach dem Halensee.*

Blick vom Wasserturm auf den Ringbahnsteig des S-Bahnhofs Ostkreuz. Der Zug fährt Richtung Treptower Park.

**Zentralviehhof:** Rechts dehnte sich das Schlachthofgelände bis weit nach Friedrichshain hinein, eine gewaltige Ansammlung jener roten Backsteingebäude, wie man sie heute in den Katalogen von Faller, Kibri und Vollmer wiederfindet, typisch für den Baustil der Jahrhundertwende. Eine endlos lange Fußgängerbrücke führte hinüber. Irgendwie ergriff mich immer das schöne alte Shakespeare-Gefühl, wie es vorn in den Rowohlt-Thrillern geschrieben steht: »A Faint Cold Fear Thrills Through My Veins.« Bei dem Gedanken, daß hier tagtäglich Tausende von Tieren (ab)geschlachtet wurden.

**Stalinallee:** Das nun war der Name, der einen Westberliner vollends glücklich machte. Aber meist war ich hier nach meinem langen, öden, aber nichtsdestowenigertrotz furchtbar anstrengenden Siemens-Tag schon eingeschlafen.

**Ostkreuz:** Spätestens hier erwachte ich wieder, denn den Blick hinunter auf die Bahnsteige der Linien nach Strausberg und Erkner durfte man auf keinen Fall versäumen. Am schönsten aber war es, wenn gerade ein Zug auf der Fahrt von Falkensee nach Königs Wusterhausen – oder umgekehrt – die Kurve zwischen Stadt- und Ringbahn nahm. Und dann ging es ja gleich über die Spree hinweg, und unten glänzten Osthafen und Spree. Das Glück war aber erst vollkommen, wenn hinten auf der Oberbaumbrücke ein Hochbahnzug zu sehen war.

Kleiner Exkurs: Im Sommer kam ich in meiner Siemens-Zeit Montag früh immer von Schmöckwitz her, wo schon um halb fünf Uhr aufzustehen war, und hatte Ostkreuz umzusteigen. Schon Grünau war der Zug nach Falkensee immer »voll bis oben ran«, und in der Morgenkühle hatte der Atem der vielen Reisenden die Scheiben mit einem derartigen Feuchtigkeitsfilm überzogen, daß man, wollte man wissen, wo man war, mit dem Ärmel ein Guckloch hineinreiben mußte. Als Kind hätte man da viele Herzchen und Strichmännchen hineinmalen können. »Pfui, laß das!« Daß da viele Bakterien eingelagert waren, lag auf der Hand. Als Siemens-Lehrling beneidete ich all die, die schon einen sicheren Posten hatten, gestandene Männer waren, und wer aus Königs Wusterhausen, Wildau, Zeuthen oder Eichwalde in die Innenstadt fuhr, besaß draußen ganz sicher ein Haus, vielleicht sogar am Wasser. In einer Welt, in die ich nicht durfte, Ausländer, der ich als (West-)Berliner war.

**Treptower Park:** Letzter Bahnhof in Ostberlin. Alarmstufe 1, denn draußen auf dem Bahnsteig standen Grenzer und Zöllner. Manchmal blickten sie nur durch die Scheiben ins Wageninnere, manchmal stiegen sie auch ein und gingen durch den Gang … Kopf links, Kopf rechts, die Sinne geschärft. Allzuviel Zeit hatten sie nicht, denn draußen drängte die Aufsicht – vielleicht im sozialistischen Wettbewerb um den pünktlichsten Betrieb auf dem vorbildlichsten Bahnhof –, daß der Fahrplan eingehalten wurde. Doch mindestens einmal in der Woche schlugen sie zu und holten, wenn sie den Schmuggel von Waren, Devisen, Staatsgeheimnissen und sonst etwas witterten, Ost- wie Westberliner aus dem Zug. Natürlich stürzten sie sich heute auf die alte Singer-Nähmaschine, die im Abteil für Traglasten stand.

»Wem gehört die Maschine hier?«

Keine Antwort, alle Fahrgäste schauten so hingegeben aus dem Fenster, als hätte es draußen vor dem Apparatewerk J. W. Stalin gerade die Landung eines Außerirdischen gegeben.

»Wem gehört diese Nähmaschine hier?«

Das jungenhafte Sächseln des Uniformierten verlor nun sehr an Gemütlichkeit, und seine Kollegin vom Zoll, blaugrau und eine Frau vom Typ »Flintenweib«, wie man damals sagte, blickte schon so finster wie Hilde Benjamin, die über alles gefürchtete Justizministerin der DDR.

»Los, rausschieben auf den Bahnhof!«

Die beiden machten sich eilig ans Werk, stießen aber sehr bald an ihre Grenzen, denn die alte Nähmaschine war mit einer dicken Kette unten an der Sitzbank befestigt.

»Eine Eisensäge!« schrie die Zöllnerin, hochrot im Gesicht.

»Ick muß den Zug jetzt abfertigen!« rief die Aufsicht. »Sonst krieg ick Ärja!«

»Kommt nicht in Frage.«

Der Streit ging eine Weile hin und her, und wir im Zug gaben uns alle Mühe, nicht zu feixen.

Schließlich siegten die wackeren Reichsbahner, und die S-Bahn fuhr – mit der illegal ausgeführten Nähmaschine – in den Westen. Verwunderlich war nur, daß nun niemand aufsprang und sich nirgendwo im Zug Leute jubelnd in die Arme fielen. Wagten sie sich noch nicht aus der Deckung heraus … oder war das Ganze vielleicht eine Provokation des RIAS …? Die Wahrheit sollte ich nicht mehr erfahren, denn wieder hielt der Zug.

**Sonnenallee:** Meine Neuköllner Heimat hatte mich wieder, und es sollten zwölf Stunden vergehen, bis ich dort wieder einstieg, wo ich gerade ausgestiegen war. »Einmal Vollring und zurück.«

# Den Matchbeutel im Gepäcknetz

*Mit der S-Bahn zum Sport*

Wetten, daß ... ich alle Stationen der Berliner S-Bahn Strecke für Strecke fehlerlos aufsagen kann ...? Fast jedenfalls, denn mit den Umbenennungen habe ich so meine Schwierigkeiten. Poelchaustraße, Raoul-Wallenberg-Straße ... Das habe ich noch nicht so richtig einprogrammiert. Aber sonst funktioniert es schon. Bei langweiligen Sitzungen übe ich auch immer wieder, zeichne mir die Netzspinne auf und beginne irgendwo: Lichtenrade, Schichauweg, Buckower Chaussee, Marienfelde ... Wie Perlen hängen ja die einzelnen Bahnhöfe an den bunten Schnüren der einzelnen Linien, und sie in Gedanken durchzugehen ist ungemein beruhigend, erinnert an die »Kombolois«, die griechische Männer durch die Finger gleiten lassen, wenn sie – wahnsinnig »relaxed« – vor ihren »Kafeneions« sitzen. »Kombolois« sind Ketten mit bernsteinfarbigen rechteckigen, rundkantigen Steinen, die einschläfernd klicken, wenn sie aufeinandertreffen.

Ich wechsle abrupt zu einer anderen Strecke. Westkreuz, Eichkamp, Heerstraße, Olympiastadion ... Da sind wir auf der »Sportbahn«, denn an ihr liegen die großen Stätten des Berliner Sports: das Olympiastadion mit Schwimm-, Hockey- und Reiterstadion sowie dem Maifeld, das Mommsenstadion, die Sportplätze am Kühlen Grund, die Deutschlandhalle, die Waldbühne und die Eissporthalle an der Jafféstraße.

Zu den großen Fußballspielen im Olympiastadion ging es immer mit der S-Bahn. Westkreuz umsteigen. Dicht aneinander gepreßt stand man in den Wagen, aber dadurch erst kam Hochstimmung auf. Unsere Berliner Vereine, ob nun Union Oberschöneweide oder der BSV 92, verloren zwar Mal um Mal haushoch gegen die Gäste aus dem Norden oder Westen, doch was machte das schon: Die kamen wenigstens auf unsere Insel im roten Meer des Ostens. Ein ganz besonderes Erlebnis war die Ankunft auf dem Bahnhof **Olympiastadion**, Reichssportfeld damals. Neben dem normalen Streckengleis mit dem Mittelbahnsteig dazwischen gab es sage und schreibe acht weitere Gleise, von denen man ein- und aussteigen konnte. Und wahnsinnig interessant war es für mich, daß früher einmal – da wo jetzt Prellböcke waren – jeweils drei Gleise zu einem einzigen gebündelt worden waren, ganz offenbar um das Umsetzen einer Dampflok zu ermöglichen. Zwischen zwei angekommenen Zügen hindurch hatte sie ans andere Ende rollen können. Herrlich mußte das gewesen sein ...

Und mit einem Dampfzug war ich auch zum ersten Mal in meinem Leben Reichssportfeld angekommen – 1947 mit meinem Kreuzberger Onkel, mit Onkel Helmut. Der war eben, lange vor meinem Vater, aus der Kriegsgefangenschaft heimgekehrt und spielte schon wieder als Linksaußen beim BBC Südost. Er war es nun, der mich mitnahm zum großen Spiel um die Deutsche Fuß-

Der Veranstaltungsbahnhof der Station Olympiastadion. Als die Aufnahme entstand, war hier schon lange kein Zug mehr abgefahren. Inzwischen ist das Gelände komplett abgeräumt.

ballmeisterschaft Union Oberschöneweide gegen den FC St. Pauli. »Komm mal gleich zum Schlesischen Bahnhof hin.« Als ich dort eintraf, war Onkel Helmut unschwer zu finden: Weil er in Frankreich im Bergwerk gearbeitet und immer einen Helm getragen hatte, waren ihm alle Haare ausgegangen. Seine Platte glänzte also unübersehbar. »Da haben wir wohl mit Zitronen gehandelt«, sagte er und zeigte auf den Bahnsteig, wo die S-Bahnzüge Richtung Westen abgingen. Himmel und Menschen, und keine Chance für uns, ins Olympiastadion zu kommen. Alles rettungslos überfüllt, und keine Reservezüge mehr auf den Abstellgleisen. Da erinnerte sich die Reichsbahn, daß sie noch genügend Wagen aus dem vorigen Jahrhundert hatte – vom Görlitzer Bahnhof fuhr man ja noch immer mit Dampf und alten preußischen Abteilwagen nach Königs Wusterhausen hinaus. So kam es, daß plötzlich ein alter Dampfzug vor unserer Nase hielt, aber während ich Glück hatte und mich gerade noch hineinzwängen konnte, schaffte es Onkel Helmut nicht mehr und mußte bis Reichssportfeld draußen auf dem Trittbrett stehen, »face to face« mit mir, denn das Fenster war herabgelassen worden. Während wir uns munter unterhielten, ich drinnen, er draußen, hatte ich immer furchtbare Angst, daß er gegen einen Signalmast oder einen Brückenpfeiler prallen und totgehen könnte.

Neben dem Olympiastadion war in den Nachkriegsjahren das Poststadion Austragungsort großer Spiele. Der BSV 92 war hier zu Hause, aber auch Minerva 93 und Tennis Borussia traten hier an, ganz abgesehen von den Städtespielen, die damals – zwei Jahrzehnte vor der Bundesliga – einen unwahrscheinlich hohen Stellenwert hatten, insbesondere das gegen Hamburg, das traditionsgemäß am Bußtag angesetzt wurde. Die Schlachten im Poststadion waren aber auch deswegen von besonderem Reiz, weil sich gleich hinter den Rängen das große Gefängnis befand und die Insassen immer hinter bzw. in den vergitterten Fenstern saßen und uns zuwinkten. Zum Poststadion gelangte man natürlich mit der S-Bahn – und zwar bis **Lehrter Stadtbahnhof**. Von dort pilgerte man dann mit den Menschenmassen zusammen erst die Invaliden- und dann die Lehrter Straße entlang.

Auch **Deutschlandhalle** bzw. **Eichkamp** war öfter Ziel unserer sportbedingten S-Bahnfahrten, denn einmal spielte ja Tennis Borussia im nahen Mommsenstadion, und zum anderen gab es in der Deutschlandhalle immer wieder Boxkämpfe oder Hallenhandballspiele.

Heute fahre ich meist mit der S-Bahn zu den Eishockeyspielen der Preußen, Devils oder Capitals – wie immer sie gerade heißen mögen –, obwohl es von **Westkreuz** bis zur Eisporthalle in der Jafféstraße ein elend langer Marsch durch die Betonwüste ist. Eichkamp ist ja leider Gottes seit 1980 stillgelegt. Besser hat man es dagegen, wenn man zum neuen Velodrom in Friedrichshain will: Einfach **Landsberger Allee** aus der S-Bahn steigen und den direkten Zugang nehmen.

Aber zurück zum Damals, den fünfziger Jahren, als ich erst beim 1. FC Neukölln Fußballer war und dann Leichtathlet, Sprinter, bei TuS Neukölln und NSF, den Neuköllner Sportsfreunden.

Beim Fußball verblieben wir meistens im Süden, weil die Staffeln so eingeteilt waren, daß man mit den Schüler- und Jugendmannschaften nicht zu weit reisen mußte, und wir fuhren mit der U- und der Straßenbahn zu unseren Auswärtsspielen in Britz, Rudow, Buckow oder Tempelhof. Nur wenn wir Staffelsieger wurden oder zu Pokalspielen fuhren, ging es mit der S-Bahn zum BSV 92 am Lochowdamm – aussteigen **Schmargendorf** oder **Hohenzollerndamm** – oder in den Kühlen

Grund zu Tennis Borussia – aussteigen **Eichkamp**. Hier fühlten wir uns gar nicht wohl, denn wir kamen ja allesamt von den Neuköllner Hinterhöfen und wußten, daß die Jungen aus den Eigenheimen uns gern verspotteten.

Zu den Leichtathletikwettkämpfen reisten wir dagegen fast immer mit der S-Bahn an, und nirgendwo, nicht einmal bei der obligatorischen Sportmolle nach dem Training, wurde so intensiv diskutiert wie in den hölzernen Buchten der alten S-Bahnwagen. Da mußte man ja automatisch enger zusammenrücken.

Oft ging es ins Post-, Olympia- und Mommsenstadion, aber auch zum Dominicussportplatz bzw. der Schöneberger Sporthalle **(Schöneberg)**, zur Hatzfeldallee **(Tegel)**, zum Poloplatz **(Frohnau)** und zum Lichterfelder Stadion **(Lankwitz)**. Kompliziert war es immer mit den Sportgeräten unserer Stabhochspringer. Durch die Türen ließen sich die Stäbe nicht bugsieren, es mußte immer einer von uns in den Wagen laufen und ein Fenster aufreißen. Mitunter dauerte das ein Weilchen, und die Aufsichten begannen zu schimpfen. Auch die mitgeführten Speere erregten dann und wann ihr Mißfallen.

»Damit könnt ihr ja jemanden erstechen.«

»Solange Sie es nicht sind ...«

»Um die Spitze wird was rumgewickelt.«

Kam ein dringend notwendiges Vereinsmitglied zu spät, der vierte Mann einer 4x100-Meter-Staffel beispielsweise, wurde mit allen möglichen Tricks versucht, den Zug noch etwas aufzuhalten. Beispielsweise lief man auf den Stationsvorsteher zu, wenn der gerade seine Kelle heben wollte, um noch schnell etwas zu fragen.

»Entschuldigen Sie: Fährt dieser Zug nach Kötzschenbroda ...?«

»Wo soll'n das sein?«

»Wir sind aus Hamburg und wissen das nicht.«

Half das nicht, blockierten wir so lange die Tür, bis man uns mit der Transportpolizei drohte.

Mußten wir zurückbleiben, dann vertrieben sich einige der Sportsfreunde die Zeit damit, auf das Bahnsteigdach zu klettern, stählerne Leitern waren ja immer angelegt. Die drei herausgenommenen Sprossen waren für sie nicht das amtlich eingeplante Hindernis.

Kaum war man eingestiegen, flog der Matchbeutel ins Gepäcknetz hinauf. Ein Matchbeutel war das, was heute Sporttasche oder Rucksack sind: Man hatte alles drin verstaut, von den Spikes bis zum Staffelstab, von der Stulle bis zur Pulle mit dem Tee. Nach den Wettkämpfen, wenn die Helden müde waren, schwangen sich die turnerisch Begabten unter uns selber in die Gepäcknetze hinauf, um sich dort auszustrecken und zu schlafen. »Komm ma' ooch ruff, det is wie inna Hängematte hier.« Allerdings gab es immer ein Riesentheater, wenn die Bediensteten die Schlafwagenfahrer erwischten.

Manchmal schob man uns auch die Schuld für Missetaten in die Schuhe, die wir nie im Leben begangen hatten. Beispielsweise an einem der Schilder im Traglastenabteil, dem »Für Mutter mit Kind«, so lange herumzukratzen, bis aus dem

Das Gepäcknetz war neben den polsterbespannten Sitzen und den Vorhängen an den Fenstern eine Besonderheit der Abteile 2. Klasse.

Steckschild, das das Abteil für Mütter mit ihren Kindern reservierte – solange böse Buben es nicht umfunktionierten.

2. Kl. Nichtraucher

M ein N geworden und das r ganz verschwunden war.

Groß war auch die Versuchung, an der Notbremse zu ziehen. Deren rotes Kästchen hing einem ja zu verlockend vor der Nase. Nun ja, ein bißchen höher schon, aber dennoch ... Und da war noch so eine schöne Aufschrift: »Notbremse/Griff nur bei Gefahr ziehen/Jeder Mißbrauch wird bestraft.«

Saßen wir dann auf der Fahrt zur Wettkampfstätte alle glücklich im Zug, fingen die ersten auch schon an zu essen, zumindest Traubenzuckerplättchen, und zu trinken. Auf der Heimfahrt dann wurde gejubelt, oder wir leckten unsere Wunden. Die S-Bahn jedenfalls ersetzte uns das nicht vorhandene Vereins-Casino.

Eine ständige Verlockung für Horst und Konsorten: der Notbremsgriff.

# Zeit zum Lesen und zum Lernen

*Mit der S-Bahn zur Uni und zur Erkenntnis*

Als ich im Mai 1960 an der FU zu studieren begann, stand natürlich völlig außer Frage, daß ich mit der S-Bahn nach Dahlem rausfuhr, obwohl das mit einem erheblichen Fußweg verbunden war. Von der Treptower Brücke bis **Sonnenallee** und von **Lichterfelde West** bis zur Wirtschafts- und Sozialwissenschaftlichen Fakultät in der Garystraße waren es jeweils 1,2 Kilometer, machte hin und zurück fast 5 Kilometer. Aber S-Bahn-Fahren war ja für mich nie verlorene Zeit, sondern immer Lust am Reisen, eine Art »Abenteuer des Schienenstranges«, um es mit einem Romantitel von Jack London zu sagen, und willkommene Gelegenheit zum Lesen und Lernen.

Kam man in diesen Jahren von der Treptower Brücke und wollte man zur Sonnenallee, dann war das – zumal bei Dunkelheit und Nebel – so gruselig wie in einem Edgar-Wallace-Film. Unter einem floß zwar nicht die Themse, sondern nur der Neuköllner Schiffahrtskanal, aber auch auf dem schwammen ab und an Leichenteile vorbei. Zudem stank es aus den Gullis bestialisch, und die Sache wurde so noch echter als im Film. Rechter Hand hatte man die himmelhoch aufragende Fassade der Firma »National Registrierkassen«, die weiß gekachelt war und den Eindruck erweckte, als befände man sich vor der zentralen Psychiatrie der Gestapo, der Stasi oder einer südamerikanischen Diktatur, einer Stätte jedenfalls, wo man Regimegegner zur Gehirnwäsche hingebracht hatte und folterte. Es folgte das Heizkraftwerk der Bewag, das ebenso unheimlich wirkte. Der wahre Horrortrip war aber der schmale Gang, von hohem Maschendraht eingefaßt, der sich von der Teupitzer Brücke zur Weserstraße zog: Rechts gab es ein ausgedehntes Laubengelände, in dem man Einbrecher, Triebtäter und »lichtscheues Gesindel« vermutete, und links die Neuköllner Gasanstalt. Einerseits war das ein Stückchen Ruhrgebiet inmitten Berlins, andererseits hatte schon das Wort »Gasanstalt« einen fürchterlichen Klang. Gas ließ nicht nur schreckliche Assoziationen mit dem Holocaust aufkommen, sondern generell an Vergiftung denken. Im Krieg hatte sich Grete, die erste Frau von Onkel Albert, mit Gas das Leben genommen, und in der Nachkriegszeit hatten in der Ossastraße die Mieter über uns »den Gashahn aufgedreht«, wie die Berliner solchen Selbstmord nannten. Und Anstalt stand bei mir für Erziehungsanstalt, jene Einrichtung, in die man damals Kinder einlieferte, die schwer erziehbar waren, eine Mischung von Heim und Knast, und mit der man mir, wenn ich unartig war, immer wieder drohte.

Ein bißchen Angstlust war auf dem Weg von und zur S-Bahn also immer dabei, aber außer den ewig schmutzigen Schuhen – es war ein Schotterweg an der Gasanstalt entlang – trug ich keine weiteren Schäden davon. Aber er ist ein Alptraum geblieben: Von beiden Enden des Hohlwegs her kommen zwei Männer auf mich zu, Äxte in der Hand … So schnell ich auch laufe, es nützt mir nichts … Ich will den Maschendraht hinauf … und rutsche immer wieder ab …

Die Fahrt von **Sonnenallee** bis **Schöneberg** war entspannende Routine, war das Gleichmaß, das man brauchte, um gesund zu bleiben, psychisch. Dafür, daß die Bandscheibe beim S-Bahnfahren keinen Schaden nahm, sorgten ihre ergometrisch so vorbildlichen Sitzgelegenheiten. Wer S-Bahn sagt, muß auch Holzbänke sagen. Fast alle, die ich beim Schreiben dieses Buches nach ihren S-Bahn-Assoziationen gefragt habe, sagten: »Die Holzbänke!« Honigfarben und sauber locken sie einen, bieten eine ausreichende Ausbuchtung für jeden wie auch immer geformten Allerwertesten und eine Wulst, die den Oberkörper abstützt und für die vom Prolaps (= Bandscheibenvorfall) besonders bedrohten Lendenwirbel vier und fünf ein wahrer Segen ist. Ich als Operierter weiß das ganz besonders zu schätzen. Die in Längsrichtung übereinanderliegenden schmalen Holzlatten sind es, die ihren Charme ausmachen. Wer jemals Ikea-Möbel gekauft und zu Hause zusammengeschraubt hat, kennt das.

**Schöneberg:** Oben auf dem Ringbahnhof hatte man das Gefühl »Mit uns zieht die neue Zeit«, während es unten auf der Wannseebahn dunkel und altmodisch war. Irgendwie habe ich hier unten immer nach den »Bankierzügen« gesucht, den alten Express-Zügen zwischen Wannsee und dem Potsdamer Bahnhof. Auf den Güter- bzw. Fernbahngleisen nebenan. Lang, lang ist's her.

»Eingefahrener Zug nach Wannsee …«

So ein Quatsch, daß sie einem das noch sagten, denn der aus Oranienburg kommende Zug war an die dreißig Jahre alt. Klar, daß er da schon eingefahren sein mußte. Noch unsinniger aber war es, wenn sie einem per Lautsprecher mitteilten,

Holzbänke und -wandverkleidung, wie sie vor der Modernisierungswelle der 70er Jahre typisch für die S-Bahn waren. Kunststoffpolster und Wandverkleidungen im Stil von Mutters Küchenmöbeln zerstörten dann das alte Flair.

der Zug sei eingelaufen. Als sei so ein S-Bahnzug ein Wäschestück, das man zu heiß gewaschen hatte.

Ich stieg ein und holte mein Soziologie-Buch hervor. »Wenn die empirische Soziologie sich zur Aufgabe stellt, die soziale Realität zu erforschen, so arbeitet sie zunächst weitgehend induktiv.« Vielleicht hätte ich doch etwas anderes studieren sollen.

**Friedenau:** Ich hatte gehört, daß Günter Grass und Friedrich Luft hier wohnen sollten (»Die Blechtrommel« also und »Die Stimme der Kritik«, jeden Sonntag um 11 Uhr 45 im RIAS, gleiche Stelle, gleiche Welle …), Hut ab. Hier würde ich mir nie eine Wohnung leisten können, denn Soziologie galt ja als ausgesprochen brotlose Kunst. Durch Friedenau zu fahren war für einen armen Studenten schon ein wenig deprimierend.

**Feuerbachstraße:** Klang gut, nur mußte ich rätseln, welcher Feuerbach nun derart geehrt worden war: Anselm, der Maler (»Das Gastmahl des Plato«), oder Ludwig, der Philosoph, der gesagt hatte, daß nicht Gott die Menschen, sondern die Menschen Gott gemacht hätten. Ich weiß bis heute nicht, was richtig ist. In beiden Fällen.

Wir kamen an der Florastraße vorbei. Noch

wußte ich nicht, daß da wenig später mein Freund Gerhard hinziehen und mich bitten würde, ihm die uralten elektrischen Leitungen auszubessern. Ich werde es tun, auf geniale Weise, und er wird, wenn er im Korridor Licht haben will, vorher so lange seinen Kühlschrank öffnen müssen, bis der angesprungen ist.

**Steglitz:** Hier war ich immer ausgestiegen, wenn meine Eltern, die ein Theater-Abonnement bei der »Freien Volksbühne« hatten, mit dem Schloßpark-Theater an der Reihe waren, aber einer von beiden die Grippe hatte oder zur Weihnachtsfeier mußte. Dann durfte ich ersatzweise mit, was immer sehr spannend war, weil man im Foyer aus einer Art Sektkübel erst ziehen mußte, wo man saß. Und das konnte ganz vorne, aber auch weit hinten sein.

**Botanischer Garten:** Da ging meine Schmöckwitzer Oma immer hin, um sich Samen für ihren Garten zu »stiebitzen«, wie sie das nannte. Mir war das furchtbar peinlich, ich mußte aber dennoch Schmiere stehen.

Von der S-Bahn aus konnte man Tante Erna und Onkel Erwin in die Fenster sehen. Auch Erwin versah seinen Dienst bei der Post, aber nicht nur das verband ihn mit meinem Vater, sondern auch die Liebe zum Kajaksport. Erwin galt als »Bolzer«, also einer, der an einem Tage mühelos seine 50 Kilometer herunterpaddelte. Erna mußte immer tüchtig mitmachen. Sie hinkte, weil sie als junges Mädchen einmal in Oberstorf eine Treppe hinuntergefallen war, aber im Boot war das kein Handikap. Ich mußte automatisch an Schmöckwitz denken und mein eigenes Boot, auch meine Schmöckwitzer Oma fiel mir wieder ein.

Irgendwann habe ich doch mit ihr hier auf dieser Strecke im Zug gesessen, und sie hat der Frau neben ihr, einer völlig fremden Person, ihre ganze Lebensgeschichte erzählt, von A bis Z.

»... und mein Schwiegersohn ist jetzt gerade aus der Kriegsgefangenschaft zurückgekommen ... So eine gute Seele ... und dann als Krüppel. Erst hat er im Hedwigs-Krankenhaus gelegen, nun ist er ins Oskar-Helene-Heim verlegt worden. Da fahre ich nun mit meinem Enkel immer von Schmöckwitz aus hin ... Im Sommer ist ja Horstelchen immer bei mir in Schmöckwitz draußen ...«

Richtig, wir waren auf dem Wege zu meinem Vater. Aussteigen **Sundgauer Straße**, dann die Straße nordwärts hinauf bis zur heutigen Clayallee. Aber erst einmal kam ja ...

**Lichterfelde West:** Linker Hand war das Transport-Corps der US-Truppen zu Hause, »unsere Schutzmacht«, wie man sie im Westen nannte, der »Besatzer«, wie es bei »Sudel-Ede« im »Schwarzen Kanal« immer hieß, und von hier wurden die Militärzüge nach Helmstedt abgelassen.

Um auszusteigen, mußte ich mir einen Ruck geben. So schön war es an der FU nun auch wieder nicht. Mein alter Siemens-Freund Gerrard, privat nur Shmuel genannt, wollte gerade einen Amateur-Hörspiel-Preis gewinnen und setzte uns alle ein, um den »Faust« aufs Band zu bannen, wobei mir die Rolle des Schülers zugefallen war. Und der hatte unter anderem zu Mephistopheles zu sagen: *Aufrichtig, möchte schon wieder fort:/In diesen Mauern, diesen Hallen/Will es mir keineswegs gefallen./Es ist ein gar beschränkter Raum,/Man sieht nichts Grünes, keinen Baum,/Und in den Sälen, auf den Bänken/Vergeht mir Hören, Sehn und Denken.* Auch wenn das mit dem fehlenden Grün draußen in Dahlem nicht stimmte, alles andere gab meine Stimmung richtig wieder. *Mir wird von alle dem so dumm,/Als ging' mir ein Mühlrad im Kopf herum.*

Auch nach **Lichterfelde Ost** sollte ich im Laufe meines Studiums des öfteren kommen, denn dort wohnte Heinz Burkhardt, die Seele wie die graue

Eminenz der GSG, der Gewerkschaftlichen Studentengemeinschaft, deren Finanzsekretär ich war. Heinz Burkhardt war ein Mann mit viel Charisma: Im Krieg hatte er beide Beine verloren und fuhr im Rollstuhl – als »Selbstfahrer« – des öfteren von Lichterfelde in die Bernburger Straße. Wie ein alter Spanienkämpfer sah er aus, hatte eine Stimme wie Ernst Busch (»Wir sind die Moorsoldaten …«) und rauchte die stärksten Zigaretten päckchenweise.

Bis 1969 sollte ich noch zur FU hinausfahren, zuletzt als Assistent, aber schon seit dem Wintersemester '61/62 nicht mehr mit den rot-gelben Zügen, sondern statt dessen mit den Bussen A4 und 48, denn es gab ja seit dem Mauerbau den S-Bahn-Boykott.

Der S-Bahn-Boykott, auch das gehört zum Mythos dazu. Sogar ein heiliggesprochener Poet-Essayist-Novelist wie Uwe Johnson hat ihm 1964 einen Text gewidmet. Man findet ihn in der Quelle 1 auf den Seiten 149–159, wo es u. a. heißt:

*Die Stadtbahn in Westberlin steht seit 1961 unter einem Boykott, den die Vernunft nicht erklärt … Am 17. August rief der westdeutsche Gewerkschaftsbund in Berlin (DGB) zum Boykott der Stadtbahn und nahm dabei Bezug auf den Stacheldraht.*

Vor den S-Bahnhöfen standen Streikposten mit Schildern wie diesen:

»Keinen Pfennig mehr für Ulbricht!«

»Trapos raus aus dem freien Berlin!«

»Der S-Bahnfahrer bezahlt den Stacheldraht!«

»Du zahlst auch Westgeld für Ulbricht!«

Auch meine Eltern dachten: »Wer S-Bahn fährt, hilft Ulbricht«, und drohten mir mit sofortiger Enterbung, wenn ich es dennoch täte.

»Nein, ich schwöre es.«

Auch ich war ja Eingeborener hier, in der »Frontstadt« aufgewachsen und haßte »den Spitzbart«

Im August 1961, nach dem Mauerbau, standen – so wie hier vor dem S-Bahnhof Zoologischer Garten – vor vielen Westberliner Stationen Agitatoren, die zum S-Bahn-Boykott aufforderten.

wie jeder andere auch, die Handvoll SEW-Wähler mal außen vor gelassen.

So stand ich denn auch eines Tages mit meiner Freundin Helga, die aus Stuttgart angereist war, am Bahnhof Wannsee, hin- und hergerissen. In der S-Bahn konnten wir einen ganzen Wagen für uns allein haben, und auf dem langen Stück zwischen Nikolassee und Grunewald konnte viel passieren, alles sogar in diesen acht Minuten, aufgeheizt wie wir schon waren.

Nun … ich bin nicht enterbt worden.

Zu jeder echten Wissenschaft gehört natürlich der Drang, die Dinge, wenn man sie schon nicht zu erklären und zu verstehen vermag, wenigstens in eine überschaubare Ordnung zu bringen, das heißt Kategorien, Taxonomien und Idealtypen zu bilden. *Wenn Ihr lernt alles reduzieren/Und gehörig klassifizieren.* Wie Goethe den Mephistopheles sagen läßt.

## Kleine Fahrgasttypologie

Die kleine Fahrgasttypologie ist also an dieser Stelle nicht zu vermeiden. Sie ist in jahrzehntelanger verdeckter teilnehmender Beobachtung zustande gekommen und so beschaffen, daß sich keiner richtig zuordnen kann, weil er in mindestens vier Schubladen paßt, aber das ist ja immer so. Nun also, hier sind sie: meine zwölf Typen (wobei der Begriff Typ, um die Sache zu vereinfachen, Frauen und Männer gleichermaßen meint):

*1. Der ganz normale Fahrgast*

Das sind jene innerstädtischen Reisenden, die ganz einfach ein- und wieder aussteigen und sich ebenso gesittet wie unauffällig verhalten, also die meisten von uns. Wir schätzen sie, weil sie uns nicht stören, und danken es ihnen, indem wir sie gar nicht richtig wahrnehmen. Sie sind organische Teile des Interieurs eines S-Bahnzuges, mehr nicht. Zu ihnen möchte ich auch die zählen, die vor sich hin dösen und auch einmal am Einnicken sind.

*2. Der an Logorrhoe erkrankte Fahrgast*

Dieser Typ von Fahrgast leidet am pathologischen Fehlen sprachlicher Selbstkontrolle, an der Logorrhoe, womöglich noch an der malignen, der bösartigen Form. Kaum hat er neben uns Platz genommen, werden wir von seinem Wortschwall überschüttet, und der Vergleich mit einem (verbalen) Wasserfall ist so falsch nicht, denn oft sprüht er dabei nicht nur vor Eifer, sondern auch feine Spucketröpfchen in die Gegend und uns ins Gesicht. Er hat ein unheimliches Gespür dafür, immer das zur Sprache zu bringen, was uns an diesem Tage partout nicht interessieren will, und taucht insbesondere in den Momenten auf, wo wir total erschöpft sind und nichts weiter wollen als unsere Ruhe haben. Zu 99,9 Prozent rekrutiert sich dieser Typ naturgemäß aus Kolleginnen und Kollegen, sonstigen beruflichen Bezugspersonen, Nachbarn und restlichen Bekannten.

*3. Der phobische Fahrgast*

Eine Phobie ist die abnorme und unkontrollierbare Furcht vor Objekten oder Situationen, und der phobische Fahrgast leidet zumeist unter mehreren von ihnen. So vor allem unter der Klaustrophobie, der krankhaften Angst vor geschlossenen Räumen, S-Bahnzügen beispielsweise (wobei das Zuknallen der Türen dann der Auslöser ist und jeder Tunnel ein gehöriger Verstärker), der Angst vor Unfällen (Zusammenstößen und Entgleisungen), der Höhenangst (bei Fahrten über Brücken, insbesondere der zwischen Neukölln und Köllnische Heide), vor allem aber unter der Sozialphobie, der krankhaften Angst, von anderen beim Einsteigen in einen S-Bahnzug angestarrt und quasi wie mit Röntgenstrahlen durchleuchtet, entkleidet und erforscht zu werden. Als wüßten die anderen, welche Unterwäsche man trägt und welche Gedanken man hat, womöglich schmutzige. Dieser Typ möchte sich am liebsten unsichtbar machen oder wenigstens unter den Sitzen verkriechen. Er macht sich klein auf seinem Sitz, preßt die Knie zusammen und richtet den Blick ins rettende Nichts. Nie steht er, ist er am Ziel, als erster auf, denn dann müßte er die Klinke anfassen … und er weiß doch: Bei einem Kontakt wie diesem fängt er sich garantiert Bakterien oder Viren eines Superkillerstammes ein.

*4. Der am Kesselschlachten-Syndrom erkrankte Fahrgast*

Tagsüber kommt auf den meisten S-Bahnstrecken alle zehn Minuten ein Zug, auf der Stadtbahn auch noch wesentlich öfter, und schlimmstenfalls hat man einmal 19 Minuten und 59 Sekunden zu warten. Doch trotzdem gibt es Fahrgäste, die sich so verhalten, als sei der Zug, der gerade eingefahren ist, der letzte, der eine eingeschlossene Stadt verläßt, bevor die große Kesselschlacht beginnt und er ganz sicher sterben wird. Dieser Typ kämpft darum, als hinge sein Leben davon ab, noch mitzukommen bzw. einen Sitzplatz zu ergattern, er stößt, drängelt, tritt und trickst. Hört er das »Zurückbleiben!«, trifft ihn das wie eine tödliche Kugel.

*5. Der machtgeile Fahrgast*

Auch dieser Typ kämpft verbissen um seinen Sitzplatz, aber nicht aus irgendwelchen Ängsten heraus, sondern des Sieges wegen und des damit verbundenen Rausches. Ich bin kraftvoller, cleverer und mächtiger als du, und wenn ich es will, stehst du dir die ganze Fahrt über die Beine in den Bauch, während ich gemütlich sitze. Dieser Typ steht auch seitlich an den Türen und läßt einen nicht ein- bzw. aussteigen: Er ist der Pförtner und hat Macht über andere, kann denen, die er sympathisch findet, ein wenig helfen, die Unsympathischen aber gehörig ärgern und blocken. Sitzt er in einer »Bucht«, an sich für vier Reisende bestimmt, lümmelt er sich derart hin und streckt die Beine aus, daß sich kein anderer zu ihm hintraut. Auch stellte er seine Aktentasche, seinen Rucksack oder seine prall gefüllten Plastiktüten auf die freien Plätze und nimmt einen gar nicht wahr, wenn man sich hinsetzen möchte und schüchtern flüstert, ob er nicht bitte mal ... Eine Unterart dieses Typs ist der Radfahrer, der sein

Ein ergiebiges Feld für den Soziologen: Die S-Bahn – hier ein modernisierter Wagen der Bauart Stadtbahn – und ihre Fahrgäste.

Velo stets so vor den Türen plaziert, daß man sich, will man aussteigen, entweder zur nächsten Tür durchquetschen muß oder sich aber a) die Sachen mit dem dreckigen Öl seiner nie geputzten Kette vollschmiert bzw. b) an seinen diversen Schrauben und Extras Hosen oder Strümpfe zerreißt.

*6. Der säuische Fahrgast*

Dieser Typ müffelt nach Schweiß, Bier, Urin, Erbrochenem, Sperma, Zigarettenrauch, Billigparfüm oder »Sonstigem« (Zutreffendes bitte ankreuzen, Mehrfachnennungen sind möglich). Oft hält er eine Bierdose in der Hand, die er dann – zumeist mit erheblichem Restinhalt – a) auf das Fensterbrett oder b) auf den Boden stellt, über den sie dann alsbald zu rollen beginnt, meist durch den ganzen Wagen. Er legt seine dreckigen (Turn-) Schuhe auf die Sitzbank gegenüber, hustet und niest einen nach Herzenslust an und wirft, wenn er auf den Bahnsteigen raucht, seine Kippen auf den Schotter hinunter. Seinen Kaugummi entsorgt er so, daß noch viele etwas von ihm haben.

*7. Der mittels eines Walkmans Musik hörende Fahrgast*
Dieser Typ ist von der »Deutschen Gesellschaft für abgewandte Soziologie« losgeschickt worden, um uns begreiflich zu machen, was das denn heißt: Hedonismus (= gleich pausenlose Suche nach Lustgewinn) und Egozentrismus (= ich bin ich – und alle anderen können mich am Arsche lecken). Schön, daß wir ihn haben, denn mit ihm kann niemand Vernichtungskriege führen (aber auch kaum so etwas wie Gesellschaft arrangieren). Wummm ... Wummm ... Es wummert ununterbrochen und nervtötend für alle Menschen über dreißig, außer man ist Hals-, Nasen- und Ohren-Arzt, letzteres ganz besonders.

*8. Der körperkontaktsuchende Fahrgast*
Und ist die Bank auch noch so lang und im Stauraum an den Türen noch so viel Platz, er quetscht sich dicht an mich heran. In den »Viererbuchten« plaziert er sich nicht etwa so, daß wir versetzt gegenüber sitzen, sondern nimmt, wenn er die freie Wahl hat, direkt mir gegenüber Platz, so daß sich unsere Knie garantiert berühren. An den Haltestangen und -griffen sucht er engen Hautkontakt mit mir. Wobei die zusteigenden Frauen, bei denen ich mir das sehr an- und erregend vorstellen könnte, leider nie zu diesem Typ gehören. Als heranwachsende Jungen hatten wir uns ständig vor fummelnden Männern in acht nehmen müssen.

*9. Der ohne Fahrausweis anzutreffende Fahrgast*
Der Typ des Schwarzfahrers ist zu bekannt, als das man ihn noch groß vorstellen müßte. Die Frage ist nur: Soll man seinen Mut bewundern und ihn wegen des genossenen »thrills« gehörig beneiden ... oder aber ihn anprangern als Sozialschmarotzer? Und: Warum fährt er schwarz? Bitte maximal zwei der Gründe ankreuzen: 1. Aus ideologischen Gründen, d. h. aus Protest gegen die Herrschenden und/oder zur Durchsetzung des Null-Tarifs. 2. Des Nervenkitzels wegen. 3. Weil er wirklich kein Geld hat. 4. Weil er das Geld für seine S-Bahnfahrt sparen und für andere Zwecke ausgeben will. 5. Weil er Fahrausweis oder Monatskarte zu Hause vergessen hat. 6. Sonstiges.

Eine Variante finden wir im »Tagesspiegel« vom 24.3.1997:

*S-Bahnhof Frankfurter Allee – »Die Fahrausweise, bitte.« Und da stehen sie schon vor Peter S., die Kontrolettis mit ihren blauen Uniformen. Allein, Peter S. kramt vergebens in seinen Taschen nach der Monatskarte. Was Wunder – er hat gar keine. Bevor ihm aber nun die dunkle Seite der Macht 60 Mark abknöpfen kann, flüstert ein freundlicher, langhaariger Mensch dem unglücklichen Peter S. ins Ohr: »Mach mal deinen Arm hoch, unter dem Arm klemmt bei dir was.« Und was fand unser Leser unter seinem Arm? Einen noch gültigen, abgestempelten Einzelfahrschein. Der Kontrolleur war erleichtert – und Peter S. auch.*

*10. Der schwer arbeitende Fahrgast*
Dieser Typ versteht es, das S-Bahnabteil zum Büro oder häuslichen Arbeitszimmer zu machen. Er telefoniert per Handy, bearbeitet Akten, rechnet Provisionen aus, lernt intensiv aus Schnellheftern oder Büchern, liest Klausuren seiner Studierenden und/oder macht sich Notizen zu einem Buch, das er über die Berliner S-Bahn schreiben will.

*11. Der hingegeben lesende Fahrgast*
Ob Buch oder Zeitung, nichts kann ihn ablenken. Wahrscheinlich hat er zu Hause eine Schar

nervender Kinder und/oder einen Partner/eine Partnerin mit Logorrhoe (siehe oben), kann sich auch der Versuchung eines Fernsehapparates mit dreißig Programmen selten entziehen, ist jedenfalls unendlich glücklich, einmal ungestört lesen zu können, wobei die monotonen Fahrgeräusche seinen Genuß meistens noch erhöhen.

*12. Der S-Bahn-närrische Fahrgast*
Das ist der Typ, der die gesamte S-Bahn-Literatur, die ich hinten aufgelistet habe, im Regal stehen hat, dazu aber noch alles über Straßen-, U- und »richtige« Bahn. Für ihn ist die S-Bahn die große Geliebte, und wenn er in ihr ist, ist er außer sich. Steht er auf dem Bahnhof und sieht einen Zug einfahren, erfüllen ihn stille, aber dennoch quasi orgiastische Gefühle. Und zu Hause streichelt er seine S-Bahn-Modelle, wie er »models« nicht anders streicheln würde, wobei allerdings seine Sünde ein wenig teurer ist. Als Kind hat er jeden rot-gelben Bauklotz für einen S-Bahnwagen genommen und als solchen über den Teppich geschoben: Ööööööööh. »Zurückbleiben!« Von dieser Prägung kommt er nie wieder los. Jede S-Bahnfahrt ist ein ungemein großer Lustgewinn für ihn (wie hoffentlich auch die Lektüre dieses Buches).

Die Fahrt mit der S-Bahn: Zeit für ungestörte Lektüre.

# Jedesmal ein kleines Abenteuer

## *Mit der S-Bahn zur Arbeit*

Im Februar 1997 hat mich ein Brief der BVG erreicht, in dem man mich nach einem schönen einleitenden Satz – »Ihre vielfachen Artikel zu BVG-Nahverkehrsthemen zeichnen Sie als interessierten BVG-Kunden aus« – höflich bittet, meine Erfahrungen mit der BVG und meine Gründe ihrer Benutzung »in der Form beiliegender Anzeige zu vermitteln«.

Die zeigt Wirtschaftssenator Elmar Pieroth mit der Aussage: »Ich fahre BVG, weil ich quer durch die Stadt den Stau ›unterfahren‹ kann.« Ich fühle mich geehrt, was immer ein Fehler ist, weil so die klammheimliche Korruption des eigenen Denkens beginnt, und brüte stundenlang an dieser Sache, bis ich dann mit dem folgende Text freudig niederkomme:

*Warum ich BVG fahre?*

*Weil jede Fahrt ein kleines Abenteuer ist. Wann kommt die nächste Bahn, wie pünktlich ist der Bus? Sind Freunde zu sehen – oder muß ich in Deckung gehen? Werde ich beim Drängeln Sieger sein und einen Sitzplatz ergattern? Was machen die Leute um mich herum, worüber reden sie? Erzählen sie wieder ganze Romane? Sind sie häßlich oder attraktiv? Was haben sie an, welches Parfüm benutzen sie? Werden sie sich küssen oder (mich) schlagen? Werden mich die Kontrolleure stören, wenn ich lese oder döse? Habe ich meine Monatskarte wirklich eingesteckt – oder werde ich gleich abgeführt?*

*Es bleibt spannend bis zum Schluß: Kommen wir endlich auf eine Busspur? Wird sich jemand vor den Zug werfen? Gibt es einen Schienenbruch?*

*Nein, nicht doch, ich gelange auch heute wieder glücklich ans Ziel.*

Nie hat mir die BVG (Abt. Marketing – Sekretariat) auf meinen Brief mit diesem Text eine Antwort zukommen lassen, und ob er mit meinem Bild als Anzeige erschienen ist, habe ich nicht in Erfahrung bringen können, um es im Amtsdeutsch zu sagen. Ebenso ist auch ein Termin mit Axel Nawrocki geplatzt, dem Chef der S-Bahn in Berlin. Mit dem zusammen sollte ich, so war es mit seinen Mitarbeitern abgesprochen, pressewirksam im Ausbesserungswerk Schöneweide auftreten und meinen S-Bahn-Mörder-Roman »Wie ein Tier« präsentieren, also den Mythos S-Bahn »rüberbringen«.

Aber den BVG-Text habe ich dennoch nicht umsonst geschrieben, denn er paßt wunderbar als Einleitung zu diesem Kapitel und ist sinngemäß auch voll auf die S-Bahn übertragbar.

Seit 1982 darf bzw. muß ich (ganz wie man will) in Frohnau janz weit draußen wohnen – j. w. d. –, weil dort eine vererbende Tante gestorben war. Wenn Sie jetzt denken, daß ich als Verfasser etlicher Kriminalromane und mit perfekten Morden vertraut … Ich war es wirklich nicht, und habe auch mehrere Alibis. Wie auch immer: Frohnau wäre ohne S-Bahn so, als würde man auf dem Mond oder wenigstens ganz hinten in der

Uckermark angesiedelt sein. Um die Sache noch zu komplizieren, wohne ich aber in meinem zweiten Leben zugleich auch noch in Wilmersdorf. Zu meiner Arbeitsstelle, der Fachhochschule für Verwaltung und Rechtspflege in Friedrichsfelde, muß ich also mal von hier und mal von dort aufbrechen, was insgesamt vier S-Bahn-Fahr-Varianten ergibt. Es kommen aber noch eine fünfte, sechste und siebente hinzu, da unsere geliebte FH von 1975 bis 1992 im Kudamm-Karree beheimatet war, bevor man uns in die Ex-Stasi-Bezirksverwaltung Berlin verfrachtete, und da ich von 1974 bis 1982 eine Laube in Heiligensee mein eigen nennen dufte, im Sommer also auch von dort in die Stadt zu fahren war.

Ein S-Bahnzug steht abfahrtsbereit im S-Bahnhof Heiligensee, Ende 1983. Strecke und Bahnhof wurden nach der Übergabe der Westberliner S-Bahn an die BVG stillgelegt. Ab Ende 1998 werden hier voraussichtlich wieder Züge verkehren.

### Variante I: Von Heiligensee über Friedrichstraße zum Savignyplatz (Juni 1979)

Die Familie wohnte schon draußen in der Laube am S-Bahnhof Heiligensee, Silberhammer Weg, »Kolonie Dreieck«, doch ich hatte noch einige Male in der Woche in die Fachhochschule zu fahren, um junge Menschen glücklich zu machen (insbesondere dadurch, daß ich bei meinen Lehrveranstaltungen zehn Minuten früher Schluß machte) und Prüfungen abzunehmen. Um sieben Uhr morgens war die Welt hier draußen noch in Ordnung, sah man davon ab, daß wir öfter an die Worte meines Freundes Bimbo denken mußten: »Ich stell' mir immer vor, daß ich eines Morgens aufwache und merke, daß ich tot bin.« Das bezog sich auf die Atomraketen, die Deutschland jeden Tag erreichen konnten.

Unsere Laubenkolonie schwankte zwischen Charme und Slum, und der ehemalige Güterbahnhof Heiligensee war weithin zum Reitstall und -gelände umgewidmet worden. Über die S-Bahnbrücke, die die Hennigsdorfer Straße überspannte, war schon seit 1961 kein Zug mehr gerollt, und den Damm nach Hennigsdorf hatte man gleich hinter der Grenze weiträumig abgetragen. Nur eine einzelne Brücke stand ebenso abgekappt wie verloren in der Havelniederung. Der waschechte Westberliner fuhr natürlich mit Bus und U-Bahn über Tegel in die Innenstadt, und wer die S-Bahn wählte, gab sich eigentlich als klammheimlicher Sympathisant der Pankower Regierung zu erkennen. Der war ich weiß Gott nicht, sondern nur ein S-Bahnnarr. Die S-Bahn fuhr nur noch als »Geisterbahn« bzw. als »rollende Sozialstation« durch Westberlin.

**Heiligensee:** Ich war so allein auf dem Bahnsteig wie sonst nur ein Westernheld im Film. Es gab nur ein Gleis, und der Prellbock befand sich gleich hinter dem Aufgang. Ein herrliches »lonely wolfe«-Gefühl kam in mir auf. Ich hatte einen ganzen Halbzug der Baureihe 275 für mich allein. Mein Triebwagenführer schloß die Tür (Einzahl!) und fuhr los. Die erste Brücke wurde überquert, unten

In der Nähe des S-Bahnhofs Lichterfelde Süd: Einer der »niveaugleichen« Übergänge über die Schienen der S-Bahn, wie es sie auch in Tegel gibt.

in der Straße Am Dachsbau tauchte unser Lebensmittelladen auf.

Es war Zeit genug, den Aschenbecher abzuschrauben. Aus Aluminium war er, mit dem erhabenen DR vorne drauf. Man konnte nicht nur den Deckel aufklappen, sondern den kleinen Behälter auch aus einer Halterung ziehen und nach vorne kippen, um ihn zu entleeren.

**Schulzendorf (b. Tegel):** Ich sah zum Restaurant »St. Hubertus« hinunter, wo wir bei »unserem Jugoslawen« immer fröhlich aßen. Bis wir eines Tages mit meinem Freund Jürgen Dittberner hingingen ... und mein kindliches Gemüt zum Durchbruch kam. Einer meiner kleinen Scherze war nämlich, ungesehen die Verschlüsse von Salz- und Pfefferstreuern aufzudrehen. Das gab köstliche Szenen, wenn jemand ... Nun, Jürgen D. wußte dies, ebenso Elke, seine Frau, wie sein Sohn. Was sie nicht wußten, war indessen, daß ich diesmal den Verschluß der Ketchup-Flasche gelockert hatte. Die nun aber nahm nicht, wie erwartet, Freund Jürgen in die Hand, sondern der Wirt höchstpersönlich. Und der drückte nicht zart auf die rote Plastikflasche, sondern mit der Kraft eines jugoslawischen Weltklassehandballers ... Nachdem er, völlig ausrastend, geschrien hatte, er würde die kostbare Herrenhandtasche meines Freundes und alles andere auf keinen Fall ersetzen, was keiner von ihm verlangt hatte, und wir vor Lachen unter dem Tisch gelegen hatten, mußten wir einige Zeit lang woanders essen gehen.

Zwei Männeken stiegen zu, und wir rumpelten weiter, vorbei am Diakoniezentrum, das sie gerade bauten, und dann kilometerweit durch den Tegeler Forst. Kam die Schranke an der Gorkistraße. Da hatte ich auf dem Wege zu Tante Martha und Onkel Erich in der Tegeler Marzahnstraße oft erschaudernd gestanden. So nahe war die Stromschiene. Drei Schritte, ein Griff ... und man war tot, vom Stromschlag getroffen, von der Hochspannung verschmurgelt wie ein Kotelett auf einer überhitzten Pfanne.

Heute fasziniert mich die Schranke am S-Bahnhof Lichtenrade noch ebenso, aber auch die hier in Tegel soll ja bald wieder reaktiviert werden. Arme Autofahrer, ha, ha. Aber auch im BVG-Bus bleibt man ja stecken.

Noch immer war ich allein im Wagen. Zeit genug, nun auch das kleine Emailleschildchen an der Fensterbrüstung abzuschrauben: »Nicht hinauslehnen!«

Den grünen Abfallbehälter ließ ich dran. Damit habe ich mit meinem Sohn immer »Müllmännchen« gespielt. Hob er den Deckel hoch, protestierte ich mit Fistelstimme:

»Laß das, ich wohne hier und will meine Ruhe haben. Deckel zu!«

»Das bist du doch, Horstie.«

»Spreche ich denn wie der?«

»Ein Müllmännchen gibt es nicht.«

»Doch, gibt es.«

»Gibt es nicht.«

»Gibt es doch.«

»Gibt es nicht.«

»Gibt es doch.«

Und so weiter.

**Tegel:** Wenn man Glück hatte, sah man hier einen Militärzug der Franzosen stehen. Es ging nun durch das Ödland der Reinickendorfer Industrieansiedlung.

**Eichbornstraße:** Ich konnte mich dunkel erinnern, daß ich als Junge hier einmal ausgestiegen war, um zu einem Spiel von Wacker 04 zu gehen, den »Reinickendorfer Veilchen«, wegen ihrer lila Jerseys so genannt, die hier ihr Stadion hatten, »ihr Schatzkästchen«, wie es in der Presse immer hieß. Eigentlich gab es ja nie eine Eichbornstraße, sondern immer nur einen Eichborndamm.

**Wittenau (Kremmener Bahn):** Das hatte mich schon als Kind immer fasziniert: daß es Wittenau (Kremmener Bahn) und Wittenau (Nordbahn) gab, und ich fragte die Erwachsenen Löcher in den Bauch, bis sie's mir erklären konnten, daß nämlich die eine Strecke nach Kremmen ging, nordwestwärts also, und die andere in gerade Linie nach Norden hoch.

**Reinickendorf:** Hier sagten sich nun wirklich die Füchse gute Nacht, und ich überlegte, ob es nicht doch spannender war, mit dem A 14 nach Tegel zu fahren und von da mit der U-Bahn zum Kurfürstendamm. Weiter ging es, und links kam der Damm der Nordbahn immer näher, wir fuhren erst unter ihr hindurch und dann eine Rampe hinauf, bis sich die beiden Strecken schließlich vereinigten.

Ich stützte mich mit dem Ellenbogen auf der Armlehne ab. Komfort noch aus Großvaters Zeiten.

**Schönholz:** Einen richtigen kleinstädtischen Güterbahnhof gab es hier in Fahrtrichtung links, mit Stellwerk und allem drum und dran, und dann ging es immer an der Mauer entlang und über die Panke hinweg. Pankow lag drüben, kille, kille, Pankow, das Synonym für das andere Deutschland. Pankow gegen Bonn.

**Wollankstraße:** Eigentlich war ich hier schon – ohne jeden Passierschein, Paß oder dergleichen – in Ostberlin, denn der Bahnhof gehörte zur DDR, durfte aber von Westberlinern benutzt werden (natürlich nur von diesen!). Draußen am gelben Backsteingemäuer hing auch groß das Schild:

»Achtung! Sektorengrenze! Dieser Eingang und der Bahnhof liegen in Ostberlin.«

»Warum heißt denn der so: Wollankstraße?« hatte mein Sohn neulich gefragt.

»Weil da mal Friedrich der Große langgeritten ist, und der General von Ziethen ihn gefragt hat: ›Woll'n wa da lang oder da lang?‹, und da haben die Leute das gehört und die Straße so genannt. Richtig schreiben konnten sie ja damals nicht.«

**Bornholmer Straße:** Hier rauschten wir nur durch, denn zwar hätte man diesen Bahnhof auf Ostberliner Gebiet auch für Westler öffnen können, aber das lohnte sich nicht, weil hier eh keiner wohnte. Über uns auf der Bösebrücke befand sich ein Grenzübergang, den wir auch schon benutzt hatten: schwitzend und innerlich fluchend. »Klappen Sie mal die Sitzbank hoch.« – »Ja.« Ganz devot, obwohl man die schlafenden Kinder wecken mußte und sich an dem Scheißpatent die Fingernägel abbrach. – »Öffnen Sie mal die Kofferhaube.« – »Ja, gerne ...« Dabei hätte man diesem Menschen sonstwo hintreten können. Aua! Jetzt hatte man sich auch noch die Finger verbrannt. Immerhin noch besser als den Mund, denn nichts fürchteten wir mehr als die fünf Worte: »Fahren Sie mal rechts ran.« Eine halbe

Der Bahnhof Bornholmer Straße im Grenzgebiet zwischen Wedding und Prenzlauer Berg. Der rechte – hier abgetragene – Bahnsteig diente dem Verkehr Richtung Norden, d.h. nach Wollankstraße bzw. Pankow, auf dem linken kamen die Züge aus ebendieser Richtung an.

Stunde zuvor hatten unsere Ostberliner Verwandten noch den folgenden Witz erzählt: »Rast eine Straßenbahn mit achtzig Sachen die Schönhauser Allee entlang, 'ne schnurgerade Strecke. Kommt ein Vopo, hält die Straßenbahn an und sagt zum Fahrer: ›Fahr'n Se mal rechts ran.‹« Kaum war der verdaut, folgte schon der nächste Witz: »Steht ein Vopo mitten auf der Kreuzung Prenzlauer Allee/Dimitroffstraße und onaniert. Kommt sein Vorgesetzter und schreit ihn an: ›Was machst du denn da?‹ – ›Was soll ich machen: Du hast doch gesagt: Sperr ma ab.‹« Daran dachten wir nun und hatten furchtbar damit zu tun, uns das Grinsen zu verkneifen.

**Gesundbrunnnen:** Wer wollte, konnte noch immer auf die Ringbahn umsteigen, die nun – als Halbring sozusagen – zwischen Gesundbrunnnen und Sonnenallee hin und her pendelte, weithin leer. Auch den Hertha-Platz über dem Einschnitt gab es nicht mehr.

**Humboldthain:** Wenn ich mit meinen Kindern im engen Westberlin auch schon jeden Park abgeklappert hatte, hierher hatten wir es in all den Jahren nicht geschafft, irgendwie jagte mir der Hochbunker noch immer Angst und Schrecken ein.

**Nordbahnhof:** Dies war das erste Geisterbahnhof. Ab und an erhaschte man einen Blick auf einen der lauernden Posten, und irgendwie glaubte ich daran, daß eines Tages doch ein Republikflüchtling auf dem Bahnhof stehen, aufspringen und die Tür aufreißen würde, was aber nie geschah.

**Oranienburger Straße:** Ich stellte mir vor, was da wohl über mir auf der Straße war, wer da ging und wer da stand. Vielleicht hörte einer meinen Zug und stellte sich vor, wer da wohl unten im Zug saß …

**Friedrichstraße:** Ich stand auf, um auszusteigen. Nun befand ich mich hundertprozentig auf dem Territorium der Deutschen Demokratischen Republik, und als mir die Grepos in einer Dreierstreife entgegenkamen, dachte ich natürlich sofort daran, verhaftet zu werden. Weil ich vorhin Republikfeindliches gedacht hatte. Das mit den Vopo-Witzen.

Sie gingen vorüber.

Das alles hat mich so mitgenommen, daß ich ein paar Jahre später in meinem Jugendroman »Geh doch wieder rüber!« Jana, meine Heldin, hier zittern lasse.

Ich kletterte zur Stadtbahn hinauf. Rolltreppen gab es nur partiell, und meistens waren sie auch noch entzwei. Wer hier umsteigen wollte, hatte vorher am besten ein bergsteigerisches Training absolviert, und für Menschen über siebzig war es vorteilhaft, sich vorher anzuseilen. Wie an einer Steilwand ging es nach oben.

Der Zug nach Wannsee kam angekrochen und bremste dicht vor dem Prellbock. Es gab nur ein benutztes Gleis für die Züge aus dem Westen, und der Fahrer mußte schnell ans andere Ende eilen, wenn er den Fahrplan einhalten wollte. Hier auf der Stadtbahn war es wegen der »Grenzübertrittler« vergleichsweise voll. Jenseits der stählernen Wand gab es noch einen Bahnhof für die Ostberliner.

Wir setzten uns in Bewegung. Sichtblenden versperrten uns alsbald den Blick nach rechts. Zum Reichstag hin aber waren die Grenzsicherungsanlagen in voller Schönheit zu bewundern.

Es ging über die Spree hinweg, den Humboldthafen. Wie alt und marode mochte die Brücke übers tiefe Wasser sein? Sehr jedenfalls, und ich rechnete jeden Augenblick damit, daß wir in die Tiefe stürzten. Nicht umsonst hatte ich in der Schule Theodor Fontanes Gedicht gelernt: »Die Brück am Tay«. Die bricht ja zusammen, und der Zug auf ihr stürzt hinab in die Bucht. Die wütenden Winde kommentieren es:

An der Wiesenstraße passiert eine S-Bahn, von Humboldthain kommend, die Sektorengrenze Richtung Nordbahnhof. Über die Brücke links im Hintergrund fuhren früher die Fernzüge.

Blick auf den Westkopf des Bahnhofs Friedrichstraße, Frühjahr 1990. Links die Stadtbahnhalle, rechts die größere Fernbahnhalle. Gut erkennbar sind die Sperranlagen entlang der Stadtbahn und das Gittertor, das den Durchbruch vom Stadtbahnsteig Richtung Westen verhindern sollte.

*Hei!/Wie Splitter brach das Gebälk entzwei./ Tand, Tand,/Ist das Gebilde aus Menschenhand.*

Was für ein Glück für mich, daß es heute windstill war.

**Lehrter Stadtbahnhof:** Den hatte man im Urzustand belassen, und er war eine wahre Augenweide.

Wegen der überall angebrachten Schilder »Vorsicht beim Ein- u. Aussteigen wegen Lücke zwischen Zug u. Bahnsteig« bin ich aber hier als Kind nie gerne ausgestiegen, weil ich Angst hatte, daß mir eines Tages mal die Beine abgequetscht werden könnten.

**Bellevue:** Auch dieser Bahnhof erfreute das Herz.

**Tiergarten:** Der Blick die Straße des 17. Juni hinunter lohnte immer. Irgendwie bekam man hier die rechte Vorstellung davon, wie groß Berlin doch war. Landwehrkanal. Tiergarten. Unten links lag nun der Zoo, und wenn man sich Mühe gab, konnte man eines der Tiere erkennen, kostenlos bestaunen.

**Zoologischer Garten:** Kümmerlich war es ja, was Westberlin an Eisenbahn zu bieten hatte, und nur, wenn man Glück hatte, sah man einen der »Interzonenzüge« warten.

Triste Stimmung im Lehrter Stadtbahnhof Anfang der 80er Jahre: Die Abgänge sind teilweise verschlossen, die Halbzüge fahren fast leer, der stadtgeschichtlich wertvolle Bahnhof verkommt.

Als wir einen Augenblick länger hielten als geplant, hatte ich ein ganz bestimmtes Bild vor Augen: Es war im Sommer 1957, vier Jahre vor der endgültigen Spaltung der Stadt. Ich wollte zu irgendeinem Spiel ins Olympiastadion fahren und hatte schon ziemlich lange gewartet, doch als der Zug aus Richtung Osten endlich kam, hielt er nicht, sondern rauschte einfach durch, war einer der Durchläufer, ein Zug für DDR-Bewohner, der in den drei Westsektoren nicht hielt (mehr dazu in der Quelle 9, Seite 91 ff., sowie auf S. 56 dieses Buches).

Wie oft hatten wir uns in unserem Leben schon unten am Bahnhof Zoo verabredet: Unzählige Male unter der großen Uhr schräg links über der Drogerie »Dr. E. Kuhlmann«. Von der Brüstung vor den Fernbahngleisen grüßte noch das unvermeidliche »Persil bleibt Persil«. Memories are made of this.

**Savignyplatz:** Als ich ausstieg, hatte ich das Gefühl, eine Weltreise gemacht zu haben. Dieser Bahnhof war und ist ein ganz besonderer, und ich habe versucht, ihn in meinem Roman »Fendt hört mit« andeutungsweise zu beschreiben:

*Wie ein Canyon zogen sich Gleise und Bahnhof durch die Steinwüste zwischen Kantstraße und Kur-*

*fürstendamm. In Richtung Süden hatten sie ein wenig Raum zu den Häusern hin gelassen. Den Putz der Wände zierte Reklame der dreißiger Jahre. Blaß und ausgewaschen zwar, aber noch ohne Mühe zu deuten. »Deutsche Beamten-Versicherung. Die bewährte Versorgung aller Schaffenden.« Nach Norden zu, zwischen Schlüter- und Bleibtreustraße, reichten die unverputzten Mietshausgiebel bis nahe an die Schienen heran. Braunschwarzer Ruß bedeckte die ungleich gemauerten Ziegel.*

Nachtrag: Heute zieht sich hier in Augenhöhe die Galerie des Baumpaten Ben Wargin entlang. Halbreliefs, grauschwarz und morbide mit eingeritzten Dichterworten, sollen zeigen, daß der Tod des Baumes auch der Tod des Menschen ist.

*Denk-Mal-Baum Gingko Baumpate werden.*

In regelmäßigen Abständen sind ausgehängte S-Bahntüren, gelb und ochsenblut, zwischen den Sentenzen plaziert. Am meisten fallen jene auf, die sich wie auf Stationsschildern zeigen.

*WIR sind die Hautkrankheit der Erde/WIR rollen sitzend in den Tod/WIR trinken was WIR pinkeln/ werden WIR gedacht gemacht WIR.*

### Variante II: Von Frohnau über Friedrichstraße zum Savignyplatz (September 1982)

Seit dem Eisenbahnerstreik im September 1980 gab es in Westberlin nur noch ein Rumpfnetz, das heißt den Zubringerverkehr zum Grenzübergang Bahnhof Friedrichstraße und die Nord-Süd-Bahn mit den nördlichen Streckenästen nach Frohnau und Heiligensee, von den 145 Kilometern S-Bahnstrecken waren nur noch 74 Kilometer übriggeblieben. Hätte es die S-Bahn-Anbindung nicht gegeben, wäre ich im August 1982 gar nicht nach Frohnau gezogen. Als ich mich nun bei Semesterbeginn auf den Weg machte, war es auf der Fahrt nicht viel anders als drei Jahre zuvor von Heiligensee zum Savignyplatz. Obwohl hier in Frohnau das Ambiente nun doch ein gänzlich anderes war. Das Ensemble von Brücke, Bahnhofsgebäude und Kasino-Turm erinnerte mich mit seiner Wucht an die erste Zwingburg, die die Hohenzollern zu Beginn des 15. Jahrhunderts an die Spree gesetzt hatten, eben an »Kaiserlich Frohnau«, jenen Gutsbezirk zur Gründung der Gartenstadt gleich nach der Jahrhundertwende. Die Eingangshalle erinnerte mich auch ein wenig an den U-Bahnhof Heidelberger Platz, war eben altdeutsch.

Ein auf die Abfahrt wartender leerer Zug auf dem S-Bahnsteig in Frohnau, Anfang der 80er Jahre. Im Vordergrund Kohlenkorb, Splitterschutzbunker und eine Bank aus längst vergangener Zeit.

**Frohnau:** Auf dem linken Streckengleis wartete einsam und verlassen ein Halbzug der Baureihe 275. Das Bahnhofsschild war alt, noch aus Emaille und mit Buchstaben, die nach Fraktur aussahen. Hinter der rechten Bahnsteigkante gab es keine Schienen, da dehnte sich ein Biotop aus. Der Prellbock für das eine Gleis stand gleich hinter dem Bahnsteigende, noch vor der Brücke. Dahinter, das wußte ich bereits, zog sich der zugewach-

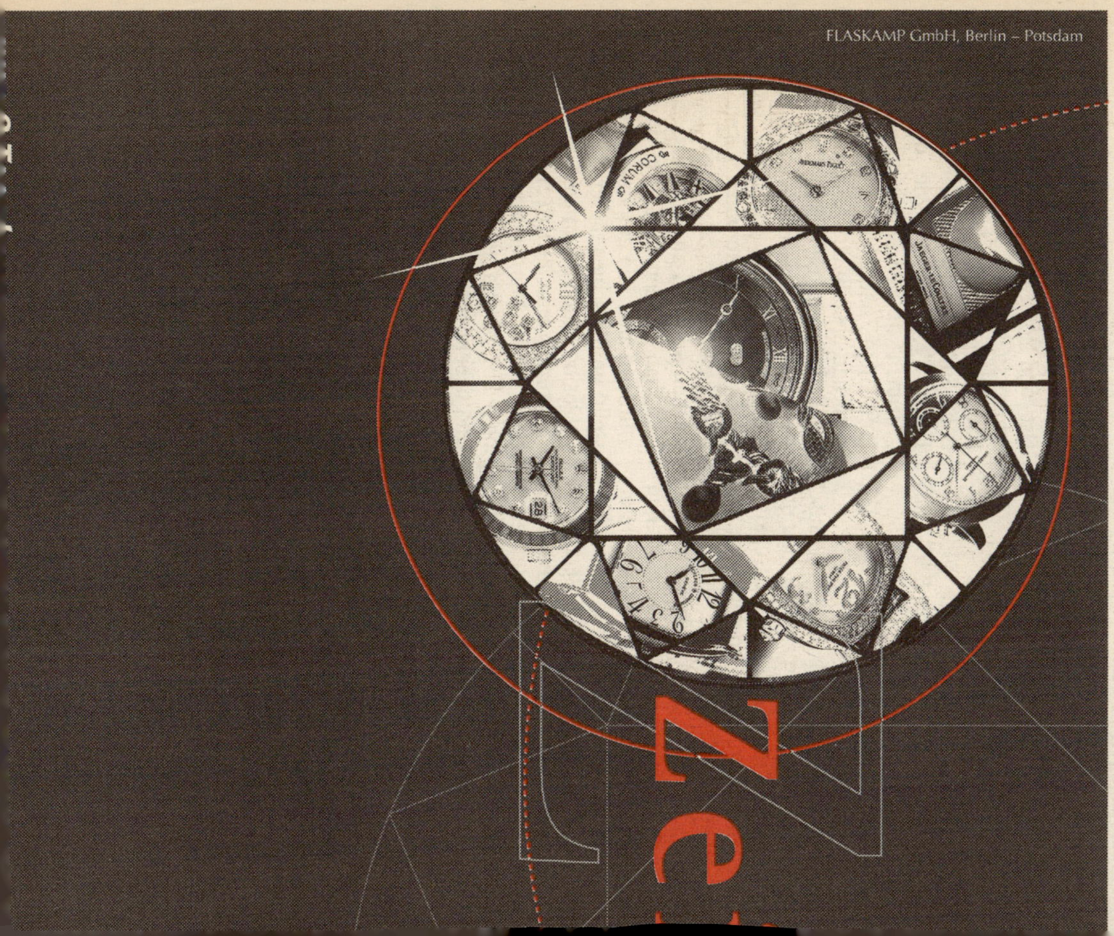
FLASKAMP GmbH, Berlin – Potsdam

# Sphärenklang am Schienenstrang

## Horst Bosetzky erzählt aus seinem Leben mit der S-Bahn

VON JAN GYMPEL

*Horst Bosetzky: „Einsteigen bitte, Türen schließen!". Jaron Verlag, Berlin 1997. 128 Seiten, 70 Abb., 39,80 DM.*

„Öööööööh... Da war es, das Geräusch der Elektromotoren, das man für immer und ewig in den Ohren behält. Der Sphärenklang für jeden S-Bahnnarren. Immer heller, immer länger werdend. Das ist die Berliner Hymne schlechthin." – Als Nahverkehrsfan hat er sich spätestens mit seinem Straßenbahnbuch geoutet und, weil dieses recht erfolgreich war, jetzt ein ähnliches Werk über die S-Bahn nachgelegt: Horst Bosetzky, Soziologieprofessor und als „-ky" einer der prominentesten deutschen Krimiautoren.

Das private S-Bahn-Museum im Obergeschoß des Gleichrichterwerks am Bahnhof Griebnitzsee hat zu dem Hochglanz-Band die meisten der überwiegend historischen Abbildungen beigesteuert sowie einige Texte, die knapp über das Signalsystem, die Baureihen oder die Nachkriegsgeschichte des Verkehrssystems informieren. Insbesondere für Auswärtige und S-Bahn-Fremde ist das fast unerläßlich, denn Bosetzky bleibt ganz feuilletonistisch, springt unkonventionell und erfrischend hin und her.

Da gibt es Erinnerungen an die Fahrten von frühester Kindheit bis zu jenem fatalen S-Bahn-Boykott des Jahres 1961, als Bosetzkys sozialdemokratische Eltern ihrem halbwüchsigen Sohn mit Enterbung drohten, sollte er das von Ulbricht gelenkte Gefährt weiterbenutzen. Das Problem seiner Lehr-

Ost- und Nordring oder Süd- und Westring fahren sollte, hatte sich durch den Mauerbau ohnehin erledigt. Er berichtet vom S-Bahn-Surfen in den fünfziger Jahren, von längst Vergangenem wie den Kontroll-„Wannen" an den Bahnsteigzugängen, die Preisstufen-Zoneneinteilung, dem absonderlichen, aber äußerst fahrgastfreundlichen Doppelhalt der Siemensbahn an zwei – nicht parallelen – Perrons des Bahnhofs Jungfernheide. Und er erzählt, wie aufregend Fahrscheinautomaten waren, als diese noch vernehmlich arbeiteten, „mit einem solchen Aufwand an Fertigungsgeräuschen, daß man glauben mußte, in ihrem Innern würde in aller Eile ein kleines Auto hergestellt; immer schien dieser Prozeß mit einer Explosion enden zu wollen."

Natürlich fehlt auch der berühmt-berüchtigte S-Bahn-Mörder der Kriegszeit nicht, dem Bosetzky ja ein Buch gewidmet hat, und nebenbei entwirft er – wozu ist er Soziologe? – eine ebenso witzige wie treffende „Kleine Fahrgastpsychologie". Aus jüngerer Zeit stammt eine nächtliche S-Bahntour quer durch Berlin und über die vermeintlich gefährlichsten Strecken auf der Suche nach der vielbeschworenen Kriminalität.

Der S-Bahn-Narr Bosetzky, der für eine Fahrt mit den rot-gelben Zügen sogar längere Um- und Fußwege in Kauf nahm und etwa zur FU nach Dahlem mit der S-Bahn jockelte, handelt Bahnhof für Bahnhof ganz verschiedenartige Erinnerungen ab, private und zeitgeschichtliche, skurrile und eigentlich irrelevante. Unwillkürlich lernt man so aus dem persönlichen Blickwinkel eines Zeitzeugen allerlei über Berliner Nachkriegsgeschichte, Verkehrswesen und Fami-

Neues Leben auf alten Schienen: Stillgelegtes S-Bahngleis.

sene Bahndamm bis zur Grenze hin, wo man ihn – Hohen Neuendorf gegenüber – des besseren Schußfeldes wegen abgetragen hatte. Seit 1961 fuhren ja hier keine S-Bahnzüge mehr. Dieser Damm hatte sich zum bevorzugten Radfahr- und Wanderweg der Frohnauer entwickelt, auch von uns regelmäßig genutzt. Die Schienen lagen noch da, zwischen den Schwellen wuchsen Birken von drei Metern Höhe. Ein Stück Schotter habe ich mit nach Hause genommen und eine total verrostete Schienenverbindungslasche. Das Ganze regte mich so an, daß wir an unserer Fachhochschule ein Projekt zum Thema S-Bahn begonnen haben (vgl. Quelle 15) … und mir die Studenten verrostete Teile eines Vorsignals von der stillgelegten Strecke zwischen Tegel und Heiligensee anschleppten, ins Kudamm-Karree, 15 Stockwerke hoch.

Vom Frohnauer Bahndamm hatte man einen schönen Blick über die Stolper Heide hinweg, und hinten in Hennigsdorf qualmten die Schornsteine des Stahlwerkes wie im Ruhrgebiet, richtig orangerot und giftig. Wehte der Dreck herüber, war die Luft bei uns schlechter als in Kreuzberg, und es stank nach Katzendreck. Was mir auffiel, waren die vielen verbogenen Schienen auf der Höhe von Schering und Preiss, dem Gartencenter. Jugendliche konnten das kaum gewesen sein, sie hätten dazu schon in Bataillonsstärke anrücken müssen. Kurz vor Kriegsende war hier ein Munitionszug explodiert. Ein jedes Mal stellte ich mir vor, wie wieder S-Bahnzüge über diesen Damm hinwegziehen würden, lange gelb-rote Schlangen.

»Ich werde das nicht mehr erleben«, hatte meine Großmutter gesagt.

»Ich werde das nicht mehr erleben«, hatte mein Vater gesagt.

»Ich werde das nicht mehr erleben«, sagte ich zu meinen Kindern.

Auch auf einem anderen Bahndamm sind wir oft entlanggegangen, dem auf der gewesenen »Friedhofsbahn« von Wannsee nach Stahnsdorf. Bis zur Grenze und dem Schild:

»Ende des amerikanischen Sektors/Das anschließende Gebiet gehört zur DDR/Vor dem Betreten wird gewarnt.«

Mehr darüber findet man in der Quelle 4 auf den Seiten 83–84.

Zurück zum Schild: Die Angst des Westberliners, bei Fahrten mit der S-Bahn einzuschlafen, in der »Zone« zu landen und verhaftet zu werden, war ebenso begründet wie hysterisch, wie wir auch bei unserer eigenen Untersuchung herausgefunden haben (Quelle 15). Gewarnt wurde jedenfalls eindringlichst vor einem solchen verbotenen Grenzübertritt. Schilder wie diese – weiß mit schwarzer Schrift und schwarzem Rand – gab es überall:

»Achtung! Hier letzter S-Bahnhof im West-Sektor in Richtung Potsdamer Platz.«

Hat man die Netzspinne der Berliner S-Bahn vor Augen, so glaubt man, weil man sich in Frohnau ganz oben befindet, bei der Fahrt Rich-

## Die S-Bahn zwischen den Fronten des Kalten Krieges

Als im Frühjahr 1945 Berlin besetzt und zugleich befreit war, einigten sich die vier Siegermächte darauf, daß der Eisenbahnverkehr – und somit auch der S-Bahnbetrieb – unter einheitlicher Kontrolle wiederherzustellen sei. Mit dieser Entscheidung begann die jahrzehntelange Agonie der S-Bahn im Westteil der Stadt. Denn auch nach der Teilung der Stadt und der Gründung der DDR wurde die S-Bahn einheitlich betrieben – von der Deutschen Reichsbahn, d. h. der Staatsbahn der DDR.

Die DDR erhob Hoheitsansprüche auf die S-Bahn-Flächen in Westberlin. Ihre Mitarbeiter wurden nach DDR-Recht angestellt, Partei und FDGB hatten im Betrieb das Sagen. Nach Beendigung der Blockade gab es im Mai 1949 einen ersten großen Streik der Westberliner Eisenbahner: Wer im Westen wohnte, aber Ostgehalt erhielt, konnte davon nicht leben. Nach blutigen Auseinandersetzungen und vielen Entlassungen gab es schließlich einen Kompromiß, der eine teilweise Entlohnung in Westmark vorsah. Der Senat richtete eine Umtauschkasse ein, die Westalliierten sicherten sich den Zugriff auf Einnahmen aus Vermietung und Verpachtung nicht dem Betrieb dienender Flächen und Gelände.

In den fünfziger Jahren dauerten die Konflikte an. So gab es immer wieder Streit um das Zeigen von Hoheitssymbolen wie der DDR-Fahne oder die Durchsetzung polizeilicher Rechte. Darüber hinaus machte sich die zunehmende Spaltung auch unmittelbar im Betrieb bemerkbar:

- die 1951 durchgeführte Elektrifizierung der Strecke Jungfernheide – Spandau – Falkensee erlaubte die Schließung des Lehrter Fernbahnhofes,
- an den Sektorengrenzen wurden längere Kontrollhalte eingeführt,
- auf dem Bahnhof Friedrichstraße wurden die Gleisanlagen so umgestaltet, daß neben einer besseren Kontrolle auch eine vollständige Trennung der beiden Netze möglich war,
- zwischen Schönhauser Allee und Pankow wurden Gütergleise für die S-Bahn elektrifiziert, um eine Umgehung des Bahnhof Gesundbrunnen in Westberlin zu ermöglichen.

Eine Einrichtung, die den Betrieb auf den teilweise eingleisigen Strecken stark belastete, waren die »Durchläufer«. Es handelte sich um Züge, die Westberlin, ohne zu halten, durchfuhren. Wer beispielsweise in Potsdam wohnte und in einem Ostberliner Ministerium arbeitete, mußte sie benutzen. Erst als Ende der fünfziger Jahre der Berliner Außenring fertig war und Westberlin so umfahren werden konnte, wurden diese Züge wieder abgeschafft.

Nach dem 13. August 1961 riefen in Westberlin der Deutsche Gewerkschaftsbund und andere Organisationen zum Boykott der S-Bahn auf. Die »Frontstadt« brauchte ein Ventil, um mit der brutalen Kappung der bisherigen Verbindungen fertig zu werden. »Kein Pfennig für Ulbricht« war eine der gängigen Parolen. Unterbrochene Verbindungen, von der BVG in Westberlin eingerichtete parallele Boykott-Buslinien und schließlich der sanfte Druck der Boykottposten vor den Bahnhöfen taten ihre Wirkung: Die S-Bahn wurde zunehmend gemieden. Dennoch hielt die Deutsche Reichsbahn lange die Fiktion aufrecht, die S-Bahn sei bedeutend für den Verkehr in Westberlin. Erst in den siebziger Jahren wurden die Fahrpläne zusammengestrichen, wurden Fahrkartenausgaben und Zugänge geschlossen, wurde immer weniger in die Instandhaltung investiert. Erste Gespräche zwischen Ost und West über die S-Bahn scheiterten aber an Milliardenforderungen aus Ostberlin und einem »No« der Westalliierten.

1980 plante die Deutsche Reichsbahn weitere deutliche Einschnitte. Nach ersten Entlassungen, die das Vertrauen der Eisenbahner auf einen sicheren Arbeitsplatz im »sozialistischen Betrieb« erschütterten, sollte der Fahrplan erheblich zusammengestrichen werden, was wegen wegfallender Schicht- und Nachtarbeitszuschläge drastischen Lohnkürzungen gleichgekommen wäre. Das brachte das Faß zum Überlaufen. Im September 1980 kam es zum Streik. Die S-Bahn stand still, der Berliner Nahverkehr wurde von einem Tag zum anderen zum Gegenstand weltpolitischer Auseinandersetzungen. Unter den Augen britischer und sowjetischer Offiziere lieferten sich die streikenden Eisenbahner heftige Auseinandersetzungen mit der Bahnpolizei. Während die West-Berliner plötzlich zu begreifen begannen, daß die lange Jahre verschmähte S-Bahn ein recht umwelt- und stadtverträgliches Verkehrsmittel ist, schien sich, da nach Abschluß des Streiks auf vielen Strecken der Verkehr nicht wiederaufgenommen wurde, das Ende der S-Bahn in Berlin (West) zu nähern.

tung Wannsee langsam in die Stadt zu sinken, etwa so wie die kleine rote Kugel in der Kaffeemaschine, wenn das Wasser im Vorratsbehälter beim Kochen immer weniger wird.

**Hermsdorf:** Auch hier idyllische Öde, das eine Gleis von der Natur zurückerobert. Oft bin ich hier ausgestiegen und zu meinen Verwandten in der Backnanger Straße gelaufen (siehe weiter unten). Oft waren wir – meine Frau und ich, aber auch mit meinen Eltern – mit der S-Bahn nach Schulzendorf gefahren und dann durch den Wald nach Hermsdorf gewandert, um in der Backnanger Straße Kaffee zu trinken. Bärbel hatte das immer sehr reizend zu arrangieren gewußt.

**Waidmannslust:** Hier wartete der Gegenzug, und ich erinnerte mich daran, daß meine Eltern in den sechziger Jahren einmal vorgehabt hatten, sich in Waidmannslust eine Wohnung zu mieten, dann aber als alte Neuköllner doch davor zurückgeschreckt waren. »Hier issis mir zu vornehm, hier wachs' ick nie an«, hatte mein Vater gefunden.

**Wittenau (Nordbahn):** Das Märkische (im Volksmund damals das »merkwürdige«) Viertel ragte linker Hand auf, und mir fiel ein, daß Wittenau ja das frühere Dalldorf war, umbenannt, weil sich die Dalldorfer wegen der »Irrenanstalt« in ihren Mauern landesweit diskriminiert gefühlt hatten. Mit Karl Dall hatte dies aber nichts zu tun. Auch nicht mit meinem inniglichen Freund und Kollegen Peter Heinrich, der jenem Karl Dall – seines Zeichens Komiker und »Blödelbarde« – so zum Verwechseln ähnlich sah, daß die Kinder auf der Straße hinter ihm herflüsterten und man ihn zu DDR-Zeiten auf dem Ostberliner Fernsehturm heimlich tuschelnd um ein Autogramm anging. In der S-Bahn wäre das noch schlimmer gewesen, weshalb er auch immer mit dem Auto rüberfuhr.

**Wilhelmsruh:** Wir überquerten den Nordgraben und rollten am Riesenkomplex des VEB Bergmann-Borsig vorüber. Schmutzig-schwarzer Backstein, konservierter Verfall allüberall. Die Mauer der Fabrik war gleichzeitig die Staatsgrenze West, auch antifaschistischer Schutzwall genannt. Dann folgte eine Brache, auf der sich einmal der Bahnhof der Heidekrautbahn befunden hatte, Berlins direkte Verbindung zur Schorfheide hin.

Über sechs Kilometer ging es nun – bis zur Bösebrücke – wie mit dem Lineal gezogen an der Grenze entlang. Mauer, Stacheldraht, Zäune, säuberlich geharkte Todesstreifen, Wachttürme, Grenzposten in ihren Kübelwagen, Hunde an langgezogenen Drähten, spanische Reiter ... alles wie im Film.

**Schönholz:** Hier vereinigte sich die Nordbahn mit der aus Heiligensee kommenden Strecke, und weiter ging es wie gehabt, siehe Variante I.

### Variante III: Von Frohnau zur Yorckstraße (Oktober 1985)

Nach der Wiedereröffnung der Strecke nach Frohnau am 1. Oktober 1984 verkehrte zunächst die grüne S 2 von hier nach Lichtenrade, was mir die Chance eröffnete, mit der S-Bahn bis Yorckstraße und von dort weiter mit dem 19er Bus zum Ku'damm zu fahren. Damit konnte ich den Nord-Süd-Tunnel so richtig auskosten.

**Friedrichstraße:** Obwohl es aus den Wagentüren nur ein wenig »tröpfelte« und auch der Gegenzug ziemlich leer gewesen war, stehen eine ganze Menge Leute hier herum. Aus dem langen Verbindungsgang zur U-Bahn kommen weitere hinzu. Ihr Ziel ist der Intershop, der DDR-Laden, wo sich Westberliner billig mit Zigaretten, Spirituosen, Kaffee, Tee und Kaviar eindecken können. Es gibt welche, die kommen regelmäßig hierher, um nicht nur für sich, sondern auch ihre

Freunde und Bekannten, manchmal für die halbe Nachbarschaft die besagten Dinge einzukaufen, mit Gewinnbeteiligung, versteht sich. Die Alkis bevorzugen den Intershop-Kiosk oben auf dem Stadtbahnhof und sprechen, wenn es zum Schlukken geht, davon, nach Lodz zu fahren. Den West-Zoll ärgert dies natürlich, und so durchkämmt man truppweise die S-Bahnzüge, was man nun darf, oder riegelt die Bahnhofsausgänge ab. Als ich gestern einmal Anhalter Bahnhof ausgestiegen bin, haben sie mir in die Tasche sehen wollen. »Bitte mal aufmachen.« Vergnatzt habe ich es getan und dem Zöllner meine Frühstücksbanane vor die Nase gehalten. Irgendwie zur Strafe für diese ungeahndete Beamtenbeleidigung bin ich dann auf der Fahrt zwischen Yorckstraße und Gesundbrunnen auf westlichem Territorium gleich dreimal hintereinander kontrolliert worden. Einmal vom Zoll: ob ich im Intershop eingekauft hätte; einmal von der Polizei: ob ich ein Ausländer war und illegal einzureisen versuchte; und einmal von den Fahrscheinkontrolleuren der BVG.

Hinter Friedrichstraße beginnt es, unterhaltsam zu werden. Nicht wegen der beiden Geisterbahnhöfe – **Unter den Linden** und **Potsdamer**

Als »Bahnhof Intershop« lockte der Bahnhof Friedrichstraße, jahrzehntelang die wichtigste Schnittstelle zwischen Ost und West, mit billigen Warenangeboten.

Die Station Anhalter Bahnhof im tristen Charme der 50er Jahre. Bis zur Renovierung in den 80er Jahren schufen halbdunkle Beleuchtung und abgefallene Fliesen eine düstere Atmosphäre, die nicht gerade einladend wirkte.

**Platz** –, sondern wegen des gruseligen Gedankens, daß der ganze Tunnel plötzlich wieder überflutet sein könnte, wie am Ende des Krieges. Ich habe die schrecklichen Fotos vor Augen, wie sie bei Meyer (Quelle 47), im S-Bahn-Ausstellungskatalog (Quelle 22), bei Reichardt (Quelle 56) und Bley (Quelle 10) zu finden sind: Wie das Wasser steigt und steigt, und die Menschen, die hier vor den Bomben Schutz gesucht haben, in ihrer Todesangst versuchen, an den glatten Fliesen hinaufzuklettern. Wie man stakend mit einem Kahn den Tunnel abfährt und nach Toten sucht. Wie ein Toter, schlammbedeckt, im Gang eines S-Bahnzuges liegt (Quelle 38).

**Anhalter Bahnhof:** Rechtzeitig zur 750-Jahr-Feier Berlins sollte hier alles wieder in altem Glanz erstrahlen, das heißt: Wände und Aufbauten mit weißen Glasplatten, Stützen mit blaugrünen Platten. Im gewohnten Westberliner Tempo hatte man so vor sich hingewerkelt. Eine Riesenbaustelle und ein, zwei Arbeiter, die es gemütlich angehen ließen. Nun sieht aber alles wieder prächtig aus. In Fahrtrichtung rechts erfreut den Kundigen ein überflüssig erscheinendes Gleis: Hier hatte einmal die S-Bahnstrecke zum Görlitzer Bahnhof auf die Nord-Süd-Bahn stoßen sollen. Vergessen, vorbei. Einen Görlitzer Bahnhof gibt es nicht mehr. Die Berliner Abrißbarbaren haben auch ihn gesprengt. Das Fegefeuer für sie!

Die Türen knallen zu. Es geht an der Kehranlage vorbei, Funzellicht brennt im Tunnel. Sehr umständlich muß hier rangiert werden, wenn die S 1 zurück will nach Wannsee (»Sägefahrt«).

Aufwärts geht es nun, erstes Tageslicht flimmert draußen an der Tunnelwand, und schließlich werden wir geradezu schmerzhaft in den jungen Tag hineinkatapultiert. Schrott- und Lagerplätze beherrschen das Bild, und die Szenerie ist von so ausgesuchter Rattenhäßlichkeit, daß ich die Augen schließe, mir den eigenen Tunnel schaffend.

**Yorckstraße:** Dies war und ist wohl der schmalste aller Bahnhöfe im Berliner S-Bahnnetz, und wenn man hier wartet, hat man immer das Gefühl, plattgedrückt, zerquetscht zu werden, wenn zwei Züge gleichzeitig ankommen, links und rechts von einem. Über eine riskant konstruierte Holzbrücke geht es über die Yorckstraße hinweg und zum Bus hinunter.

Nachtrag: Im Juni 1989 komme ich mit meinem Freund Steffen Mohr aus Leipzig von der Criminale im Literarischen Colloquim (LCB) am Wannsee, und wir rennen Friedrichstraße von der Stadtbahn nach unten, um den letzten Zug nach Frohnau zu kriegen: S 2, Montag – Freitag, 1 Uhr 06. Gott sei Dank (Steffen denkt das besonders intensiv, weil er von Dominikanermönchen erzogen worden ist), es ist erst 1 Uhr 05. Schafften

Berlins schmalster Bahnsteig: Die Station Yorckstraße.

wir diesen Anschluß nicht, müßten wir bis zum ersten Zug am nächsten Morgen hier unten ausharren, und der kommt laut Fahrplan erst 4 Uhr 26. (Daß die Stadtbahn oben die ganze Nacht über fährt, vergesse ich in meiner Panik.) Mal eben schnell auf die Straße laufen und sich in eine Taxe setzen, ist ja nicht, denn ich habe weder Bundespaß noch Passierschein, und auch Steffens Papiere lassen das nicht zu. Es wird 1 Uhr 07, 08, 09 ... noch immer kein Zug zu sehen und zu hören. Ich rechne langsam mit dem Schlimmsten: die ganze Nacht hier unten gefangen zu sein. Steffen indes leidet noch stärker als ich, denn ihn dürstet suchtähnlich nach »Nordhäuser Doppelkorn«, der im Intershop auch reichlich angeboten wird ... Nur leider ist der Laden jetzt geschlossen. Lechzend hängt Steffen am Kiosk, seine Zunge fährt die Scheibe auf und ab. Da endlich hören wir den Zug. Ersterbend kommt er in den Bahnhof gekrochen. Fast scheint es, als würden ein paar kräftige Männer ihn schieben.

»Da steig' ich nicht ein«, sagt Steffen.

»Komm, zu Hause hab' ich Cola und Korn in Mengen.«

»In Mengen ...? So weit fahr ich nicht. Höchstens bis Frohnau.«

»Nun komm schon.«

Er läßt sich überreden, und bis **Nordbahnhof** geht auch alles gut, obwohl wir durch die Schleichfahrt immer unpünktlicher werden. Dann aber ... Das Typhonsignal, das er vor Ausfahrt aus dem Tunnel ablassen muß, erschöpft die letzten Kraftreserven des alten Zuges, und auf der Rampe hoch nach **Humboldthain** ist es dann soweit: Mit einem schrecklichen Stöhnen hat er seinen Geist endgültig aufgegeben.

Wir stehen und stehen.

»Laß uns rausspringen und zur nächsten Taxe laufen«, sagt Steffen.

»Nur einer, damit der andere zu seiner Beerdigung mitgehen kann.«

Vor uns liegt der Todesstreifen.

Wir warten und warten. In einer Ungewißheit, die ebenso spannend wie endlos ist.

»Es hat getutet«, bemerkt Steffen.

»Es hat nicht getutet«, korrigiere ich ihn, »sondern: Ein Hornrufsignal ist abgegeben worden.«

Er verfällt in Lautmalerei. »Tut – tuuuuut – tut, tut, tut.«

Ich tadele seinen Rückfall in frühkindliche Verhaltensweisen und informiere ihn darüber, daß dies das amtliche Hornrufsignal für »Warten« ist. »Tuuuut – tut – tuuuuut dagegen bedeutet ›Kommen‹.«

»Gut, werde ich, wenn ich wieder in Leipzig bin und 'ne neue Braut im Bett habe, in mein Horn blasen: Tuuuut – tut – tuuuuut ...«

Es dauert an die vierzig Minuten, bis wir – alleine im Zug – von einer Diesellok geschoben werden, bis Gesundbrunnen.

### Variante IV: Von Frohnau über Bornholmer Straße und Ostkreuz nach Friedrichsfelde Ost (Februar 1997)

Was hat sich seit 1982 hier verändert? Dumme Frage: Die Mauer ist weg. Und sonst noch? Erst einmal war ja die S-Bahn auf Westberliner Gebiet am 9. Januar 1984 von der (Westberliner) BVG übernommen und das vorher schon auf 74 Kilometer geschrumpfte Netz auf nur noch 21 Kilometer reduziert worden. Auch in Frohnau hatten erst einmal – da der starke Arm der Auto- wie der U-Bahnbauer-Lobby es so wollte – alle Räder stillgestanden. Aber Bürgerinitiativen und der Druck der Oppositionsparteien sorgten schließlich dafür, daß sich der CDU-Senat zur Inbetriebnahme auch der Frohnauer Strecke bequemte. Endlich war es dann soweit. Und selbstverständlich hängt bei

## Die achtziger Jahre: Übernahme durch die BVG und das Ende der Teilung

Die achtziger Jahre sind das Jahrzehnt mit den dramatischsten Veränderungen für die S-Bahn in der geteilten Stadt. Während sich 1980 noch das Ende der S-Bahn in der Westhälfte der Stadt abzuzeichnen schien, wurde sie nur neun Jahre später – nach dem Fall der Mauer – das wichtigste Verkehrsmittel zur Verbindung der beiden wiedervereinigten Stadthälften. Die folgende Chronik zeigt die wichtigsten Stationen dieser Entwicklung:

*1980*
Nach dem Ende des Streiks der Westberliner Eisenbahner im September des Jahres wird nur auf etwa der Hälfte des Westberliner S-Bahn-Netzes der Verkehr wiederaufgenommen, nämlich auf den Strecken

- Wannsee – Friedrichstraße (Stadtbahn),
- Heiligensee – Lichterfelde-Süd,
- Frohnau – Lichtenrade.

Ringbahn, Wannseebahn, Siemensbahn, die Strecke nach Staaken sowie die Verbindungen Zehlendorf – Düppel und Jungfernheide – Spandau – 73 von 145 Kilometern – mit 40 Bahnhöfen bleiben stillgelegt. Ein großer Teil der Wagen wird nach Ostberlin gebracht.

*1981*
Im Abgeordnetenhauswahlkampf spricht sich erstmalig eine der großen Parteien – die SPD unter Hans-Jochen Vogel – für die Integration der S-Bahn in den Nahverkehr der westlichen Teilstadt aus.

*1981–1983*
Es werden immer neue Gutachten und Konzepte vorgelegt. Zu den von offizieller Seite verbreiteten Gedanken gehören so merkwürdige Vorstellungen wie die Umstellung der S-Bahn auf die – bis heute – technisch nicht ausgereifte U-Bahn-Technik oder der Vorschlag aus dem Jahre 1982, die S-Bahn komplett stillzulegen und bis 1991 völlig erneuert schrittweise wieder in Betrieb zu nehmen. Seitens der Westberliner Bevölkerung wird dagegen von den Politikern gefordert, adäquate Lösungen für die S-Bahn-Integration zu entwickeln.

*1983/84*
Im Oktober 1983 beginnt – nach der Zustimmung der Westalliierten – der Senat Verhandlungen mit der Deutschen Reichsbahn über die Übernahme der Betriebsrechte für die S-Bahn in Berlin (West). Sie werden nach nur acht Wochen erfolgreich abgeschlossen.

In der Nacht vom 8. zum 9. Januar 1984 übergibt die Deutsche Reichsbahn ihre Betriebsrechte an die BVG in Berlin (West). Ein neuer Anfang kann gemacht werden. Sofort werden aber weitere Strecken stillgelegt. Nur noch die Verbindungen Anhalter Bahnhof – Lichtenrade und Friedrichstraße – Charlottenburg bleiben in Betrieb. S-Bahn wird ironisch mit »Schrumpfbahn« übersetzt.

*Mai – Oktober 1984*
Die bereits vor der BVG-Übernahme in der Nacht vom 8. zum 9. Januar durchgeführten Protestveranstaltungen – Tausende Berliner hatten in Sternfahrten für den Weiterbetrieb der bestehenden Strecken demonstriert – zeigen Wirkung: Die Strecken Anhalter Bahnhof – Gesundbrunnen – Frohnau und Charlottenburg – Wannsee werden wieder in Betrieb genommen.

*Februar 1985*
Die Wannseebahn zwischen Wannsee und Anhalter Bahnhof wird wieder in Betrieb genommen – ein Wahlkampfbonbon.

*Mai – Dezember 1986*
Stillegung der Nordbahn für den zweigleisigen Ausbau zwischen Schönholz und Frohnau.

*1986 und 1988*
Zwei Bürgerbegehren für die S-Bahn nach Lichterfelde-Süd bzw. für die verschiedenen S-Bahn-Strecken in Charlottenburg werden initiiert und durch ihre Unterschrift von Zehntausenden Bürgern unterstützt. Sie scheiterten letztlich am Desinteresse des Senats an einer Wende in der Verkehrspolitik.

*1989*
Nach langen politischen Auseinandersetzungen läßt der neue SPD/AL-Senat den Wiederaufbau des Südrings beginnen. Nach dem Fall der Mauer im November des Jahres wird die Entscheidung getroffen, den Südring möglichst rasch ins frühere Ostberlin bis zur Station Baumschulenweg zu verlängern. Die Eröffnung erfolgt im Dezember 1993.

*Juli 1990*
Mit der Wiederherstellung des durchgehenden Betriebes auf der Stadtbahn am 2. Juli endet die Teilung des Berliner S-Bahn-Netzes.

mir ein Originalplakat der Wiedereröffnungsfeier im Arbeitszimmer.

Wegen der umfassenden Modernisierung und des Ausbaues auf zwei Gleise kam es dann zwischen Mai und Dezember 1986 nochmals zur Stillegung der Strecke, und ich mußte, wollte ich zur Arbeit ins Kudamm-Karree, den Bus nach Tegel nehmen und dort in die U-Bahn steigen. U-Bahn ist ja auch ganz schön, nur ist dort die Aussicht meist nicht ganz so ergiebig wie in der S-Bahn. (Ich weiß, da gibt es ja auch den Tunnel zwischen Humboldthain und Yorckstraße … und bei der U-Bahn die Dammstrecke zwischen Borsigwerke und Kurt-Schumacher-Platz, aber dennoch …) Dann aber gab es endgültig freie Fahrt auf der nunmehr rosafarbenen S 1.

Nach der Übernahme der Westberliner S-Bahn durch die BVG im Januar 1984 war die Strecke Anhalter Bahnhof – Gesundbrunnen – Frohnau stillgelegt worden. Bürgerproteste bewirkten, daß die Züge ab Oktober wieder bis in den Norden Berlins rollten.

Seit dem 31. Mai 1992 ist auch Oranienburg wieder an das Westberliner S-Bahnnetz angeschlossen, und die Züge brauchen 1 Stunde und 24 Minuten bis nach Wannsee hinunter.

Nun habe ich es doch erlebt, daß auf dem Frohnauer Bahndamm wieder S-Bahnzüge rollten.

*Berlin, jetzt freue dich/Der Feind ist überwunden/ Mark, jauchze und sey froh/Dein Schrecken ist gebunden!*

Das habe nicht ich gedichtet, das hat ein Berliner Chor gesungen, als der Große Kurfürst nach der siegreichen Schlacht bei Fehrbellin – vgl. Kleists »Der Prinz von Homburg« – feierlich Einzug hielt, anno 1675.

Doch so sicher wie der Sonnenaufgang jeden Morgen ist die Abfahrt der Züge Ende dieses Jahrhunderts nun auch nicht wieder nicht. Den S-Bahn-Reisenden schrecken nicht nur Berichte von Überfällen, sondern auch die spezifischen Berliner Institutionen Pendelverkehr und Schienenersatzverkehr. Das trifft einen so schlimm wie eine Grippe. Wo man sonst zehn Minuten braucht, schafft man es, ist die Katastrophe eingetreten, bestenfalls in der dreifachen Zeit. Dafür hat man den zweifelhaften Genuß, ein- bis mehrmals umsteigen zu müssen. Sitzt man gerade, hält man schon wieder und hat auf die andere Bahnsteigseite zu laufen. Noch schlimmer ist es, wenn man steile Treppen hinunterhasten muß, wissend, daß der SEV-Bus auf keinen Fall alle Fahrgäste aufnehmen kann. Der Maulwurf mit den »Bauinfos für Bahnfahrer« ist eine nette Idee, aber dennoch: Es darf geflucht werden. Hat man sich das schmale Faltblatt nicht gegriffen, bleibt nur der allmorgendliche Blick in die Zeitung. Im »Tagesspiegel«

vom 16.3.1997 beispielsweise heißt es in der Rubrik Verkehrshinweise:

*S-Bahn: S 6, S 8, S 10: Zwischen Ostkreuz und Treptower Park Pendelverkehr alle 10 Minuten. Auf der S 10 ist zwischen Schöneweide und Spindlersfeld bis zum 17. März Schienenersatzverkehr eingerichtet. Info-Telefon: 2971 2971.*

Diesen Spaß sollte man sich nicht entgehen lassen.

Heute aber verläuft alles normal ... bis auf die Tatsache, daß mein Kunstledersitz fürchterlich heiß ist. Die Heizung darunter muß glühen. Ich fühle mich wie auf einem Grill und fürchte um das, was die Natur beim Manne gerade der besseren Kühlung wegen außerhalb des Leibes angebracht hat.

**Waidmannslust** startet jetzt die grüne S 2 Richtung Blankenfelde, und man kann ihre Züge – Baureihe 480 – auf den Kehrgleisen sehen, freigegeben für die Grafitti-Künstler aller Klassen, zumeist der unteren.

Der Grenzstreifen ist unbebaut geblieben, sieht wie ein Stück verdörrter Steppe aus, nur die Gnus und Löwen fehlen, und dient als Hundeauslaufgebiet. Und auf dem alten Bergmann-Borsig-Gelände baut nun ADtranz die neuen S-Bahnzüge der Baureihe 481.

**Wittenau** steht jetzt ohne »(Nordbahn)« da, weil es keine Verwechslungen mehr geben kann, denn »Wittenau (Kremmener Bahn)« ist umbenannt worden in »Karl-Bonhoeffer-Nervenklinik«.

**Schönholz** stößt die S 25, aus Tegel kommend, zu uns, und noch in diesem Jahrtausend soll es endlich auch – nach vielen Bluffs der politischen Führung – tatsächlich wieder nach Hennigsdorf gehen, nicht aber wie ganz früher noch weiter nach Velten. Dazwischen liegen noch Welten.

**Wollankstraße:** Wie ein Stuka (= Sturzkampfbomber) scheint sich die Lufthansa-Boeing von Pankow her in unseren Zug bohren zu wollen. Crash!

Wenn ich selber in einer Maschine sitze und über die Nordbahn-Gleise hinwegfliege, beneide ich immer die Leute im Zug, weil die im Sicheren sitzen und ich noch die Landung in Tegel vor mir habe ... und sich bei Start und Landung ja die meisten Unfälle ereignen.

**Bornholmer Straße** wird nun wieder gehalten und ist Umsteigebahnhof geworden. Allerdings ein sehr provisorischer. Der zweite Bahnsteig, der einem das problemlose Überwechseln in den Zug nach Ostkreuz ermöglichen würde, ist zwar schon seit langem errichtet, steht aber so lange nutzlos in der Gegend herum, bis das große Nordkreuz fertig ist. So lange muß man die steile Treppe nach oben steigen und sich oben auf der Bösebrücke wie ein Slalomläufer durch die entgegenkommenden Fahrgäste schlängeln, manchmal auch wie ein American-football-Spieler rempeln und kämpfen, immer bedroht von Radfahrern, die nicht absteigen wollen, weil wir uns schließlich auf ihren Weg ergossen haben. Zeitungshändler stehen da und betätigen sich als Wellenbrecher. Das einzige Schöne hier oben ist die neue Niederflurstraßenbahn, die eingleisig, aber mit Gleisverschlingung als erste Tram wieder in den Berliner Westen rollt. Nun geht es eine glitschige Holztreppe hinunter, denn der Bahnhof der S 8 (grün nach Grünau) und S 10 (blau nach Blaunau, Quatsch: Spindlersfeld) klebt außen am westlichen Gleis. Hier ist es so kalt und zugig wie kaum anderswo auf der S-Bahn. Man nimmt das aber in Kauf, denn der Blick Richtung Osten ist traumhaft schön. Wie eine riesige Orange liegt die aufgehende Sonne auf den Häusern Prenzlauer Bergs. Und schaut man himmelwärts, sieht man – in sicherer Entfernung nun – Flugzeug um Flugzeug zur Landung in Tegel ansetzen.

Blick von der Bösebrücke auf den provisorischen S-Bahnsteig der Station Bornholmer Straße und einen der letzten nicht modernisierten Stadtbahnzüge im DR-Design der 80er Jahre.

Noch läßt der Zug aus Richtung Pankow auf sich warten. Ich stelle mich an den Maschendrahtzaun, der den Seitenbahnsteig zum Käfig werden läßt, und sehe zu, wie das Nordkreuz langsam entsteht, ein Schienenverkehrsknoten der gigantischen Art. Da gibt es so viele Tunnel, Schneisen, Rampen und »Überwerfungsbauwerke«, daß man meinen möchte, ein verrückt gewordener Modellbahner hätte sich ein paar Außerirdische geholt, um seine Phantasien 1 : 1 in Szene zu setzen. »Niveaufreie Gleisverbindungen ermöglichen am Nordkreuz in Zukunft Zugfahrten praktisch von jeder Strecke in jede Richtung ... » (Quelle 31), also von und nach Oranienburg, Bernau, Westkreuz, Ostkreuz und Friedrichstraße (siehe auch Quelle 23). Da kann man nur das ausrufen, was Psychologen tun, wenn sie ihre Klienten ermuntern wollen: »Toll, du!« Ich höre die Züge schon fahren: Öööööööh ... Hell und hoch sind die Fahrgeräusche, wenn der Zug Rampen erklimmt, hohl und röhrend, wenn es über Brücken geht, dumpf und lärmend in den engen Tunnelröhren. In meiner Geschichte »Mongo« (siehe Quelle 44) habe ich einmal einen Jungen beschrieben, dessen Zuhause die S-Bahn ist und der sie so genau kennt wie Winnetou und Old Shatterhand die Prärie:

*Treptower Park, Plänterwald, Baumschulenweg und Schöneweide ... Auch mit geschlossenen Augen wußte er, wo sie gerade waren. Da gab es viele Anhaltspunkte. Wo die Schienen ab- und ausgefahren waren, röhrten die Räder in typischer Weise, und so wie ein Musikkenner die einzelnen Stücke, sagen wir Mozarts, auseinanderhalten konnte, so gelang Mongo dies bei seiner Bahn. Wichtig für die Orientierung waren auch die unterschiedlichen Töne, die die Zügen erzeugten, wenn sie Brücken und Überführungen nahmen. Ein anderes Indiz war das Schaukeln der Wagen; auch hier war der Rhythmus an bestimmten Streckenstellen unverwechselbar. Manchmal folgten die Schienenstöße in so charakteristischen Sequenzen, daß sich auch ein weniger musikalischer Mensch wie er zurechtgefunden hätte.*

Tief aus dem Tal – wie auf der Modellbahn – kriecht nun endlich der leuchtendrote Zug zur Bösebrücke herauf. Ich steige ein, und in eigentlich viel zu enger Kurve geht es zum Nordring hinüber.

Was hat sich hier verändert seit meinen Fahrten von und nach Siemensstadt? Nichts ...

... außer, daß **Schönhauser Allee** jetzt saniert wird. Ewig zieht sich die Bauerei dahin, und da die Strecke in der Station selbst eingleisig ist, stehen wir lange vor dem Signal.

... außer, daß Leninallee nun wieder die gute alte **Landsberger Allee** geworden ist. Wilhelmine Buchholz oben im Himmel wird's freuen.

... außer, daß dichtebei das Velodrom entstanden und mit seinem ersten Sechstagerennen schnell angenommen worden ist.

... außer, daß es keinen Zentralviehhof mehr gibt und die Station an dieser Stelle nun **Storkower Straße** heißt.

Was fällt ansonsten noch auf? Daß man hinter Schönhauser Allee das Gefühl hat, durch eine Müllhalde zu fahren. Was in Berlin nichts Negatives sein muß. Die ganze Schneise bis Prenzlauer Allee löst bei all denen orgiastische Freude aus, die meinen, Sauberkeit sei a priori ein spießbürgerlicher Wert und stünde für Reinlichkeitsdressur, Verkümmerung des Menschen und Faschismus schlechthin. »Hast du Arsch eben Neger gesagt?« – »Nein: nur negativ.« – »Dann ist gut. Ich dachte schon ...« Gleich hinter Prenzlauer Berg sticht das Planetarium ins Auge ... mit mehr nur als einem Feldstecher unter der Kuppel. Kasernen leuchten in alter preußischer Frische. Eine Fernwärmeleitung begleitet uns. Plattenbauten tauchen auf. Güterschuppen verrotten. **Greifswalder Straße** kann man den Fernsehturm am Alex sehen. Auf den Gütergleisen stehen zügeweise Zementwagen abholbereit, KVG und Nacco dominieren. Ein Park, eine Kurve, Schuttberge, Betonwände, Gerüste, das Velodrom, die Schwimmsporthalle.

**Frankfurter Allee:** Das neue Ring-Center beherrscht das Bild. Unten am Bahndamm stehen vietnamesische Zigarettenhändler auffällig unauffällig herum. Blicke ich links in Fahrtrichtung die Frankfurter Allee hinunter, kann ich schon die braungelben Türme meiner Fachhochschule sehen. Ehe ich dort bin, gilt es aber noch einmal umzusteigen und dann einen Kilometer zu laufen.

**Ostkreuz:** Gott sei Dank, das ist der alte Museumsbahnhof geblieben. Solange er nicht umgebaut ist, gilt die alte Schlagerweisheit: Berlin bleibt doch Berlin. Ich zwänge mich die viel zu engen Treppen hinunter – Gott, sind die Leute lahmarschig! –, um den Zug unten auf dem Bahnsteig nach Wartenberg, Ahrensfelde oder Strausberg noch zu kriegen. Ja, denkste! Die roten Lampen leuchten, das Warnsignal ertönt, die Türen knallen zu. Weg issa! Ich gebe mich gleichmütig, koche aber vor Wut. Scheiß-S-Bahn! Aber: Positiv denken, die Wartezeit nutzen! Zur Kontemplation, um nach schönen Frauen Ausschau zu halten, bei »Ditsch« eine Pizzazunge oder Laugenbrezel zu kaufen oder darüber zu philosophieren, warum die S-Bahn Berlin GmbH die neuen Züge der Baureihe 480 zwar zwischen Potsdam und Erkner fahren läßt (Fahrzeit 88 Minuten), nicht aber auch zwischen Oranienburg und Wannsee (mit 84 Minuten kaum weniger lang). In meinem Kriminalroman »Ein Deal zuviel«, fällt mir ein, spielt der Bahnhof Ostkreuz zum Schluß eine entscheidende Rolle, aber auch vorher passiert auf der S-Bahn eine Menge (siehe auch Kapitel »0 Uhr 16 ab Hohen Neuendorf«).

Endlich nähert sich von Warschauer Straße her der Zug. Ich passe auf, ob der Fahrer auch richtig bremsen kann, ob er da hält, wo es ihm die Betriebsordnung auf schwarzen Schildern mit weißen H vorgegeben hat, gleich unten neben der Stromschiene: Nur H für den Vollzug (das sind acht Wagen), 24x (das ist ein Dreiviertelzug, also sechs Wagen mit je vier Achsen) und 16x (das ist ein Halbzug, vier Wagen mit je vier Achsen). Laut Quelle 2 (S. 80) zeigt sich beim Bremsen die wahre Meisterschaft des Fahrers:

*360 Tonnen aus 80 Kilometern in der Stunde in wenigen Sekunden ruckfrei zum Halten zu bringen – auf den Meter genau ... bremsen Sie das mal! Bremsen verlangt eigenartigerweise kein Fingerspitzengefühl. Zwar liegt die Hand am Führerbremsventil, leitet das Bremsen ein und löst die Bremsen wieder aus –*

*aber das Bremsgefühl sitzt in einem ganz anderen Körperteil, der dafür überaus sensibel zu sein scheint.*

Mein Fahrer packt es mühelos. Wäre ich heute glücklicher, wenn ich es damals geschafft hätte, S-Bahnfahrer zu werden …? Wenn ich mir die Quelle 21 ansehe, kommen mir da leichte Zweifel, denn sehr bürokratisch sieht das alles aus. »Die Triebwagenmannschaften haben eine saubere und ordentliche Dienstkleidung zu tragen.« Damit hätte ich schon mal meine Schwierigkeiten … Aber wenn ich das Wort »Totmannknopf« lese, gerate ich schon wieder in Verzückung. Das ist der Fahrschalterknopf, sozusagen das »Gaspedal« der S-Bahn. Läßt der Fahrer ihn los – etwa wegen plötzlichen Herzstillstandes – rollt der Zug langsam aus. Heute wird der »Totmannknopf« noch durch die Sicherheitsfahrschaltung (SIFA) ergänzt. Sie muß regelmäßig gedrückt werden. Geschieht dies nicht, kommt es nach einer akustischen Warnung zur Zwangsbremsung. Nachdem in den sechziger Jahren die SIFA eingebaut worden war, konnte man auf den Triebwagenschaffner verzichten; für den Fahrer wurde es seitdem sehr einsam.

Anfang de 60er Jahre am Alexanderplatz: Mit einem Klopfen gegen die Scheibe gibt der Schaffner dem Triebfahrzeugführer den Befehl, die Türen zu schließen.

Mit aufmerksamen Blick auf den Triebwagenführer vorne steige ich ein. Etliche Leute sitzen im Abteil, das ich betrete, zwei liegen auch – zwei Stadtstreicher – auf den Längssitzen. Ich gönne es ihnen, denn draußen ist es bitterkalt.

Da ich ganz vorn eingestiegen bin, bedauere ich, daß man dem Fahrer nicht durch eine gläserne Wand hindurch über die Schulter und an ihm vorbei auf die Strecke sehen kann. So viel Service wäre für jeden S-Bahnnarren das Mindeste. Was ich noch vermisse, das ist der Zugschaffner, die andere zentrale Person meiner Kinderjahre. Einer von ihnen berichtet bei Armanski und Hebold-Heitz (Quelle 1) über seine Arbeit: »… also jetzt im Zugbetrieb direkt hatte er die Uffjaben, den Zug oder den Abfahrauftrag der Aufsicht, also der erhobene Befehlsstab und so weiter, zu übermitteln mit dem Zeichen ›Türen schließen‹, des war das Klopfen an der Scheibe, den Abfahrauftrag über'n Summer oder …« (Seite 191). In der diesbezüglichen Dienstvorschrift (Quelle 21) heißt es ganz präzise:

*Zur Abfahrtszeit hat der Triebwagenschaffner neben dem Seitenfenster des Führerraums zu stehen und auf den Aufsichtsbeamten zu achten.*

*Auf den erhaltenen Abfahrauftrag hin überzeugt sich der Triebwagenschaffner von der Fahrtstellung des Ausfahrtsignals, tritt an das Fenster heran und gibt durch Klopfen an das Fenster des Führerraums zunächst das Zeichen zur Betätigung des Türverschlusses. Daraufhin wartet er die Beendigung des Türschließvorganges unter ständiger Beobachtung des Zuges ab (etwa 3 Sekunden) und veranlaßt danach*

## Mit »Jutta« nach Oranienburg – Die Funknamen der Zuggruppen

Seitdem die Berliner S-Bahn-Züge per Funk abgefertigt werden, hat jede Zuggruppe – vereinfachend läßt sich das mit »Linie« übersetzen – ihre eigene Funkbezeichnung. Damit wird beispielsweise sichergestellt, daß an einem Kreuzungsbahnhof nicht der falsche Zug die Türen schließt und abfährt. Die aktuellen Bezeichnungen (Stand Sommer 1997) lauten:

| Linie | Strecke | Funkname |
|---|---|---|
| S1 | Wannsee – Oranienburg: | Jutta |
| | Wannsee – Frohnau: | Jaguar |
| S2 | Blankenfelde – Nordbahnhof – Waidmannslust – Lichtenrade – Waidmannslust – Blankenfelde: | Wespe/Wulf |
| S25 | Lichterfelde Ost – Tegel: | Viktor |
| | Lichterfelde Ost – Nordbahnhof: | Vampir |
| S3 | Westkreuz – Erkner: | Bussard |
| | Hauptbahnhof – Erkner: | Berta |
| S45 | Jungfernheide – Flughafen Berlin-Schönefeld: | Ulrich |
| | Westend – Baumschulenweg: | Uhu |
| S46 | Jungfernheide – Königs Wusterhausen: | Dora |
| | Westend – Baumschulenweg: | Delphin |
| S5 | Charlottenburg – Strausberg Nord: | Emil |
| | Charlottenburg – Mahlsdorf/Hoppegarten: | Elster |
| S6 | Warschauer Straße – Zeuthen: | Heinrich |
| S7 | Potsdam Stadt – Ahrensfelde: | Otto/Olaf |
| | Warschauer Straße – Ahrensfelde: | Olive |
| S75 | Westkreuz – Wartenberg: | Theodor |
| | Warschauer Straße – Wartenberg: | Tapir |
| S8 | Bernau – Grünau: | Nordpol |
| | Buch – Schöneweide: | Natter |
| S9 | Westkreuz – Flughafen Berlin-Schönefeld: | Cäsar |
| S10 | Birkenwerder – Spindlersfeld: | Ludwig |
| | Blankenburg – Ostkreuz/Schöneweide: | Lerche |

*am Fenster stehend den Triebwagenführer durch den Zuruf »Abfahren« und Erheben der Hand zum Anfahren des Zuges. (Hat der Triebwagenschaffner Unregelmäßigkeiten am Zuge bemerkt, so muß er mit dem Zuruf »Abfahren« bis zu deren Beseitigung warten.) Erst dann tritt der Schaffner in die Tür.*

Warum ich das hier so ausführlich wiedergebe: Weil es für einen S-Bahnnarren pure Lyrik ist. Für Texte wie solchen legt er jeden Nobelpreisträger beiseite. Das sind die Bilder, die wir Älteren vor Augen haben, wenn wir einen S-Bahnzug auf dem Bahnhof stehen sehen. Heute, in den Zeiten des EMB, des Einmannbetriebes.

Als wir anfahren, rollen leere Bierdosen durch den Waggon. Es riecht so, daß mir der Appetit vergeht und ich nichts kaufe, als die Leute vom rührigen »S-Presso« mit ihrem Verkaufswägelchen eingestiegen sind. Auch eine »Motz« will ich nicht, weil ich schon den »Straßenfeger« gekauft habe.

Ich sitze in Fahrtrichtung rechts und sehe drüben auf der Erkner-Strecke den Bahnhof Rummelsburg. Paul Ogorzow, der S-Bahn-Mörder, fällt mir wieder ein (siehe weiter unten).

**Nöldnerplatz:** Ich weigere mich zu glauben, daß es einen Bahnhof dieses Namens gibt, doch es steht so, neuerdings blau eingerahmt, auf den Schildern.

Wir fahren jetzt am Archibaldweg vorbei, der gerade westberlinische Straßenschilder erhalten hat. Aus einem der Fenster hängt einsam eine rote Fahne heraus, mit dem FDGB-Emblem in der Mitte. Vielleicht aus Protest dagegen.

**Lichtenberg:** Hier in der Nähe hat im und nach dem Kriege meine Tante Claire gewohnt, von der meine Schmöckwitzer Oma, ihre ältere Schwester, immer behauptet hatte, sie sei »meschugge«. Etwa dann, wenn Tante Claire gejammert hatte, der englischen Königin ginge es, weil man ihr die Apanage gekürzt hätte, furchtbar schlecht. »Dann nimm doch deine Rente, Claire, und schick sie ihr hin!«

Heute ist Berlin-Lichtenberg ein Fernbahnhof, auf den Städte wie Brechhausen an der Runze mit Recht stolz sein könnten.

Gleich nach Verlassen des Bahnhofs kann man sich aber als S-Bahnnarr die schönsten Lustgefühle verschaffen, denn linker Hand erstreckt sich nun das Bw Friedrichsfelde, auf dessen Gleisen man fast alle alten wie neuen Bauarten bewundern kann.

Das mit den Bauarten und Baureihen ist ja nun eine Wissenschaft für sich, und die hier auszubreiten, würde den Rahmen sprengen. Die wesentlichen seien hier kurz aufgelistet (wobei E = »elektrisch«, T = Trieb-, S = Steuer- und B = Beiwagen ist, und heutzutage die 4 … den Triebwagen D und die 8 … immer einen Beiwagen meint):

*Bauart 1924 (Typ »Bernau«, ET/EB 169)*

Dieser Typ fuhr in den fünfziger Jahren noch nach Stahnsdorf, und einmal ist er mir auf der Siemensbahn begegnet. Er fiel völlig aus dem Rahmen und sah für mich aus wie eine Kreuzung eines WUMAG-Triebwagens mit einer Raupe. Das lag vor allem daran, daß er noch sehr an die alten preußischen Abteilwagen erinnerte und die Türen nur aus einem Flügel bestanden. Zwischen zwei lange Drehgestelltriebwagen waren drei kurze zweiachsige Beiwagen gekuppelt. In einen solchen war ich geraten … und hinterher hätte ich mir vor lauter Rükkenschmerzen »'n neuet Kreuze koofen könn'n«.

*Bauart 1925 (Typ »Oranienburg«, ET/EB 168)*

Auch in diesen Wagen bin ich öfter gefahren … allerdings in Form eines U-Bahnzuges vom Typ E III, für dessen Bau sie ausgeschlachtet worden waren, und zwar zwischen Alexanderplatz und Marchlewskistraße, wo auszusteigen war, wenn

wir meine Cousine Christine und Jochen in der Straße der Pariser Kommune besuchen wollten, vor ihrem Umzug nach Marzahn.

Die erste Fahrzeugserie der Berliner S-Bahn war der Typ »Bernau«. Dieser Wagenkasten rottete jahrzehntelang im RAW Schöneweide vor sich hin, bevor der Verein Historische S-Bahn e.V. Mitte der 90er Jahre wenigstens das Kopfteil barg.

*Bauart 1927/30 (Stadtbahnwagen, ET/ES/EB 165, später 275 u. 276)*
Das waren die Züge, mit denen ich immer auf dem Vollring nach Siemensstadt gefahren bin, und auch von der Nord-Süd-Bahn her habe ich sie in Erinnerung. Sie sind meine große Liebe. Wegen der charakteristischen Oberwagenlaternen (»Owala«) an den Stirnseiten wurden die Wagen – übrigens die meistgebaute Serie in Deutschland überhaupt – bisweilen auch »Maikäfer« genannt.

Typ »Oranienburg«, Urtyp aller noch heute verkehrenden S-Bahnzüge. Die Aufnahme entstand in den 80er Jahren im BW Grünau. Der Zug präsentierte sich hier als Gepäckzug, ohne die typischen Laternen auf dem Dach.

S. 71:
Der S-Bahnzug schlechthin: Die Bauart »Stadtbahn«, unverwechselbar durch die beiden Oberwagenlaternen und das mittig angeordnete Spitzenlicht. Äußerlich gegenüber dem Ursprungszustand nicht wesentlich verändert, präsentierte sich dieser Zug 1974 im S-Bahnhof Düppel.

Zehlendorf
5
1
EMB
EMB

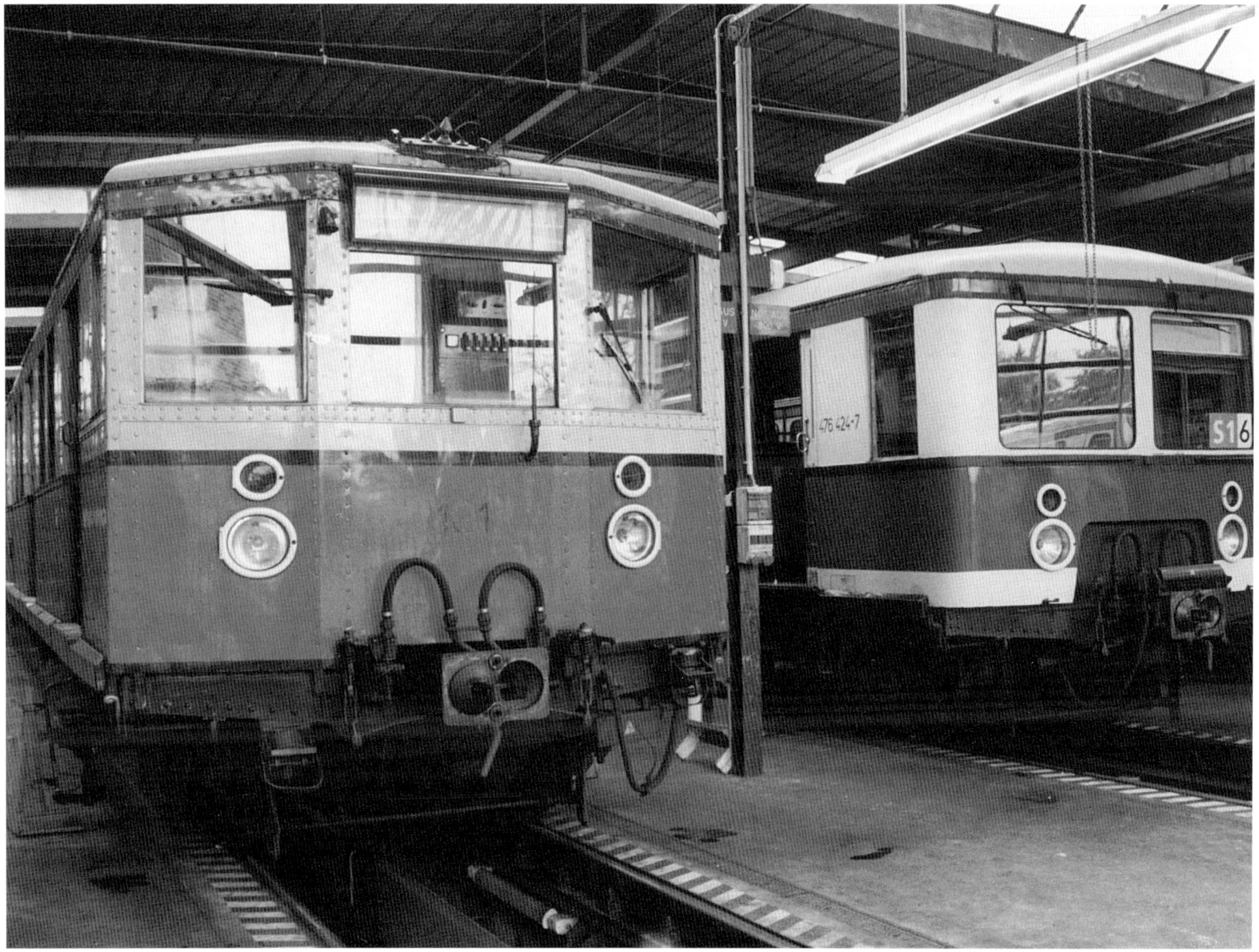

Noch einmal die Bauart »Stadtbahn«: Links nach der in den 60er Jahren erfolgten, rechts nach der in den 70er und 80er Jahren durchgeführten Modernisierung.

*Bauart 1932 (Wannseebahnwagen, ET/EB 165, später 275 u. 276)*
Diese Züge sahen so aus wie die Bauart »Stadtbahnwagen«, nur daß ihnen die Nieten fehlten.

*Bauart 1934/36/38 (Bankier- u. Olympiazüge, ET/EB 166 bzw. 167, später 276 u. 277)*
Mit diesem Typ bin ich immer auf der Stadtbahn gefahren, auch zum Olympiastadion oder nach Grünau hinaus. Früher hatte er ein anderes Gesicht, da war die Frontscheibe noch mit zwei Querstreben unterteilt, was besser aussah als die eine in der Mitte heute. So richtig gemocht habe ich diesen Typ nie. Er war mir zu glatt und sah mir zu sehr nach Nazi-Zeit aus. Dummerweise hat man vielen alten Zügen vom »Stadtbahnwagen«-Typus ähnlich erneuerte Gesichter gegeben. Heute sitze ich oft in ihnen, denn sie fahren auf der S 1 zwischen Oranienburg und Wannsee.

Ein völlig neues, stromlinienförmiges Aussehen erhielten die in den 30er Jahren gelieferten Züge der Bauart »Bankier« und »Olympia«, hier aufgenommen in Wannsee, 1974.

1a
2
EMB
EMB

SW
Spindlersfeld
DR
270 123-3

S 2 Blankenfelde
480 015

Kein Erfolg war der 1959 der Öffentlichkeit vorgestellte Zug der Baureihe 170, hier aufgenommen im Betriebsbahnhof Rummelsburg.

*Baureihe 270 (heute 485/885)*
Das war die neue S-Bahn für Ostberlin. Ich war ganz aus dem Häuschen, als ich 1987 mit Arzt-Jürgen vom Paddeln aus Schmöckwitz kam und wir einen solchen Zug – schon in den Farben rubinrot und anthrazit – zufällig Treptower Park halten sahen.

»Los, raus, da muß ich mit!«

So fuhren wir noch ein Weilchen hin und her. Heute ist die Baureihe 485/885 u. a. auf dem Südring anzutreffen und befördert die Westberliner, also die Leute aus dem kapitalistischen Ausland, auf den Linien S 45 und S 46. Wer hätte das 1980, als sie konzipiert wurde, in Hennigsdorf auch nur zu denken gewagt? Übrigens: Schon einmal, in den fünfziger Jahren, gab es den Versuch, eine neue Baureihe für die S-Bahn zu entwickeln. Leider bezog sich der Spitzname »Blaues Wunder« nicht nur auf die Farbe, sondern auch auf die Funktionstüchtigkeit. Schon bald landeten die Prototypen der damaligen Baureihe 170 deshalb auf dem Schrott.

*Baureihe 480*
Das waren die neuen Züge für die BVG-betriebene West-S-Bahn, die seit 1986 im Einsatz sind.

S. 74:
Ab 1987 wurde in Ostberlin die Nullserie der Baureihe 270 ausgeliefert. Sie hatte eine gefälligere Stirnpartie als der Prototyp (vgl. Abb. S. 77). Gegen die zur 750-Jahr-Feier Berlins eingeführte Lackierung setzte sich später die rote Farbgebung mit anthrazitfarbenem Fensterband durch.

S. 75:
Das Westberliner Gegenstück zur Baureihe 270 bildete die Baureihe 480, die von der BVG ab 1984 entwickelt wurde. 1986 wurde der Prototyp vorgestellt, 1990 bis 1992 wurde die erste Serie gebaut.

1980 präsentierte die Fahrzeugindustrie der DDR nach rund zwanzig Jahren den ersten neuen Prototyp. Er blieb über lange Zeit ein Einzelgänger. Erst Jahre später folgte die Nullserie (vgl. Abb. S. 74).

Sie haben ein unverwechselbares schönes Gesicht und kommen angeschwebt wie Schmetterlinge. Blau und silber wollte sie der Designer, doch wir, das Volk, setzten per Stimmzettel durch, daß die alten Berliner S-Bahnfarben auch die neuen Wagen schmücken.

*Baureihe 481/482*
Im Bw Friedrichsfelde steht nun auch die neue Kreation, die Baureihe 481/482, was ein wenig verwirrend ist, da wir ja schon bis 485 gekommen waren ... Ihr Gesicht wird von einer »sphärisch gekrümmten Panoramascheibe« bestimmt. Seit Mitte Juni 1996 unternimmt man Probefahrten mit ihr, auch mit Fahrgästen schon, und ich flehe das Schicksal tagtäglich an ... Aber bisher war da noch nichts.

*Baureihen 475/876 bzw. 476/875*
*(früher 165 bzw. 275 und 276)*
Wer sich genauer informieren möchte, schlage nach bei Bley (Quelle 10) und den Quellen 9 und 22 – oder aber lese, weil einfacher, den Text des Berliner S-Bahn-Museums auf der folgenden Doppelseite, wo sich auch Hinweise zu den Prototypen finden.

## »Singende Sägen« und »Taucherbrillen« – Die Baureihen

Die Berliner S-Bahnen waren Vorbild für viele andere Schnellbahnsysteme weltweit. Legendär wurde vor allem die Bauart »Stadtbahn«, für die es schon um die Jahrhundertwende Vorformen gab.

**Versuchszüge**

Bereits 1900 begann Siemens & Halske einen Versuchsbetrieb auf der Wannseebahn. Ein aus dreiachsigen Abteilwagen bestehender Zug wurde motorisiert und an den Enden mit Führerständen versehen. Der Versuch überzeugte in technischer Hinsicht, die preußische Eisenbahnverwaltung vermochte aber noch keine betrieblichen Vorteile zu erkennen. Der Versuch wurde 1902 beendet. Ein weiterer Versuchsbetrieb begann 1903 zwischen dem Potsdamer Vorortbahnhof und Lichterfelde. Es handelte sich diesmal um vierachsige Abteilwagen, die als Triebwagen konstruiert wurden. Den Versuch startete die Union Elektrizitätsgesellschaft (UEG), die kurz vor der Fusion mit der AEG stand. Der Betrieb hielt sich bis in die zwanziger Jahre.

Als 1911 die »Elektrisierung« der Stadt-, Ring- und Vorortbahn mit Wechselstrom und Oberleitung beschlossen wurde, begannen Versuche mit entsprechenden Triebwagen, die nach wie vor auf den altbekannten Abteilwagen basierten. Vorbild war jetzt die Hamburger Vorortbahn. Alternativ testete man »Triebdrehgestelle«, die vor und hinter normale Waggons gekuppelt werden sollten. Die Versuche fanden auf der Strecke Bitterfeld – Dessau statt. Ab 1916 führte man die Versuche in Schlesien weiter.

1921 wurde beschlossen, die Vorortstrecken statt mit Wechselstrom nun mit Gleichstrom und seitlicher Stromschiene zu elektrifizieren. Es entstanden weitere sechs Versuchszüge, die zunächst hinter Dampfloks fuhren, um die günstigste Variante für die Türanordnung und Innenraumgestaltung zu finden. Diese Züge, die später mit elektrischer Ausrüstung versehen wurden, blieben bis 1934 im Einsatz. Einen dieser Wagenkästen kann man noch heute bewundern; er steht in Marzahn als Gartenlaube.

**Bauarten »Bernau« und »Oranienburg«**

Für die ersten elektrifizierten Vorortstrecken beschaffte man nun kleinere Serien von Triebwagenzügen, die an die Erfahrungen mit den Probezügen anknüpften. Die Züge der Bauart »Bernau« bestanden aus jeweils zwei großen Triebwagen mit drei dazwischengekuppelten zweiachsigen kleinen Beiwagen. Die Zusammenstellung befriedigte, was die Fahreigenschaften und die Einstiegsverhältnisse anging, noch nicht voll.

Die Bauart »Oranienburg« war dann die erste S-Bahn im heutigen Sinne: Ein Trieb- und ein Steuerwagen (später Beiwagen) bildeten einen »Viertelzug«, jeder Wagen hatte pro Seite vier doppelte Schiebetüren. Aus zwei Viertelzügen wurde für schwächer frequentierte Strecken ein »Halbzug« gebildet, zwei Halbzüge bildeten das Maximum »Vollzug«.

**Bauart »Stadtbahn«**

Mit dieser Bauart entwickelte man die Berliner S-Bahn schlechthin. Anknüpfend an den Grundriß der Bauart »Oranienburg«, der sich als optimal erwiesen hatte, wurde nun auf eine leichtere Bauform Wert gelegt und die Fahrsteuerung weiterentwickelt. Für die »Große Elektrisierung« in den Jahren 1927 bis 1930 wurden 1276 Wagen dieser Bauart beschafft. Mit ihnen wurde der Betrieb auf der Stadtbahn aufgenommen – daher bürgerte sich dieser Name für die betreffende Bauart ein.

1932 folgten die optisch fast gleichen Züge der Bauart »Wannsee«. Eigentlich längst am Ende der wirtschaftlichen Nutzungsdauer angekommen, wurde ein großer Teil dieser Züge von 1980 bis 1986 modernisiert und steht bis heute im Einsatz. Aber auch einige Züge der Ursprungsausführung, in den sechziger Jahren allerdings auf Einmannbetrieb umgebaut, sind auf der Stadtbahn und der S 10 immer noch zu sehen.

**»Bankierzüge«**

Um den Bewohnern der Villenviertel in Zehlendorf und Wannsee eine günstige Verbindung in die Innenstadt zu bieten, wurde 1934 ein Schnellverkehr auf den Fernbahngleisen zwischen Zehlendorf und Potsdamer Vorortbahnhof eingerichtet. Dazu stellte man spezielle Züge in Dienst, die eine Höchstgeschwindigkeit von 120 km/h hatten. Mit ihrer abgerundeten Stirnfront entsprachen sie dem Zeitgeschmack mit Hang zur Stromlinie. Die aerodynamische Gestaltung – teilweise eine reine Modeerscheinung, die vor allem bei langsameren Fahrzeugen kaum etwas brachte – hatte bei den hier erreichten Geschwindigkeiten einen spürbaren Effekt hinsichtlich des Energieverbrauchs.

**»Olympiazüge«**

Im gleichen Aussehen wie die Bankierzüge präsentierten sich die 1935/1936 in Dienst gestellten Züge. Sie waren aber wieder für die normale Streckengeschwindigkeit von maximal 80 km/h ausgelegt und besaßen die gleiche Steuerung wie die bekannten »Stadtbahnen«. Der Name der später als ET/EB 166 bezeichneten Züge verweist auf die 1936 in Berlin ausgerichteten Olympischen Spiele.

1938 bis 1944 wurden in großer Zahl weitere Züge in dieser Bauform beschafft (später ET 167), sie wurden aber im steuertechnischen Teil weiterentwickelt. Die automatische Steuerung des Anfahrvorgangs besorgte jetzt ein Elektromotor. Vorher diente dazu ein druckluftbetätigtes Klinkenwerk. Die wagenbaulich gleichen Wagen der Baureihen ET/EB 125, 166 und 167 (ab 1970 Baureihen 276 und 277) wurden ab 1974 größtenteils modernisiert und vereinheitlicht. Sie alle liefen nun unter Baureihe 277. 1991 änderte sich die Baureihe in 477/877.

**»Blaues Wunder«, »Singende Säge« und »Coladose«**

Bereits in den fünfziger Jahren war man bestrebt, die mittlerweile dreißig Jahre alten ersten Generationen der S-Bahn zu ersetzen. In Ammendorf entstand ein Probezug mit »Jacobs«-Drehgestellen, man konnte durch den Viertelzug durchgehen. Die von Industriedesignern entwickelte Formgestaltung entsprach mit vielen Rundungen dem Stil der Zeit. Viel Freude hatten die Berliner am nach seiner Farbe »Blaues Wunder« benannten Zug nicht. Technische Mängel verhinderten eine Serienfertigung des ET 170.

Nachdem der ständige Prioritätenwechsel der Planwirtschaft das Projekt S-Bahn eine Zeitlang in der Versenkung verschwinden ließ, tauchte erst 1979 wieder eine neue S-Bahn auf. Sie war technisch auf dem neuesten Stand, mit einer elektronischen Fahr- und Bremssteuerung. Für die S-Bahner neu war die elektrische Bremse. Das ungewohnte Geräusch der Pulssteller erinnerte an eine »Singende Säge«. Der Probezug – amtlich Baureihe 270 – drehte lange Jahre als Einzelstück seine Runden. Die Fabrik in Hennigsdorf war vorerst mit dem Bau von E-Loks voll ausgelastet. Erst 1987 tauchten Nullserienwagen einer weiterentwickelten Bauart auf. Zur Serienfertigung kam es schließlich 1990 bis 1992. Die gelungene rot-anthrazitfarbene Lackierung weckte Assoziationen zu einer »Coladose«. Seit 1991 sind die Züge als Baureihe 485/885 unterwegs.

**»Toaster« und »Taucherbrille«**

Die BVG sah sich nach Übernahme der S-Bahn im Westteil Berlins im Jahre 1984 gezwungen, einen neuen Fahrzeugtyp zu entwickeln, um die überalterten »Stadtbahn«-Wagen ablösen zu können. 1987 wurde der Prototyp vorgestellt, der in Anlehnung an die Bundesbahn-Numerierung als Baureihe 480 bezeichnet wurde. Mit Drehstrommotoren und Prozessorsteuerung war er technisch auf der Höhe der Zeit, hatte aber viele Kinderkrankheiten. Auch das Äußere war gewöhnungsbedürftig. In Serie gebaut wurde er 1990 bis 1992 – parallel zur Ostberliner Baureihe 270, später 485/885. Die zweite Serie von 1994 wurde schon von der Reichsbahn abgenommen. Nach einem Brand bezeichneten die S-Bahner den 480 als »Toaster«. Zu dieser Bezeichnung mochten aber auch die länglichen Schlitze an den Dächern beigetragen haben.

Schon kurz nach dem Mauerfall wurde begonnen, auf Grundlage der Neuentwicklungen in Ost und West eine Gemeinschaftsbaureihe zu konzipieren. Das Ergebnis ist die ab 1996 gebaute Baureihe 481/482, hergestellt in Halle-Ammendorf und in Hennigsdorf. Die Frontmaske läßt an eine »Taucherbrille« denken.

Auch der Traditionszug war hier in Friedrichsfelde abgestellt, unübersehbar und irgendwie befremdlich, weil die 2. Klasse einen blauen Anstrich hat. Als Kind, als es sie noch gab, bin ich nie 2. Klasse gefahren; meine Eltern hatten nicht das Geld dafür. Doch mit Tante Gerda immer. Vornehm war das alles. Die Sitze waren mit Plüsch bezogen wie zu Hause das Sofa, und die Wände mit dunklem Holz getäfelt, was ganz nach Orient-Expreß aussah. Mit dem ich allerdings auch nie gefahren bin.

Jetzt aber Schluß mit diesem Exkurs, ich muß pünktlich im Hörsaal sein.

**Friedrichsfelde Ost:** Ich steige aus und treffe Freunde, Kollegen, Studenten. Mein Freund Peter ist dabei. Er hat Durst, und ich schlage ihm vor, an der nächsten Haustür zu klingeln und um ein Glas Wasser zu bitten. Das ist ein »Running gag« bei uns, seit er es einmal nach einer anstrengenden Wanderung durch die Schorfheide bei einer einsamen Siedlerin am Bebersee versucht hatte. Die Arme hatte sich mächtig erschrocken, denn die Polizei warnt ja immer wieder vor Männern, die um ein Glas Wasser bitten, weil dies entweder Diebe seien, die unter diesem Vorwand in eine Wohnung gelangen wollten, oder gar Sittlichkeitsverbrecher. Inzwischen ist die Serie »Peter und das Glas Wasser« schon soweit gediehen, daß er nach seinem Tode eine Seebestattung haben möchte, bei der wir ihm statt der traditionellen drei Hände Erde drei Glas Wasser hinterherkippen sollen.

Wir sind am Ziel und bemühen uns um professorale Würde.



### Variante V: Von Frohnau über Friedrichstraße nach Friedrichsfelde Ost (März 1997)

**Oranienburger Straße** und **Nordbahnhof** sind nun keine Geisterbahnhöfe mehr, und auf der letztgenannten Station steht jetzt des öfteren wartend ein Verstärkungszug der Linie S 2.

**Wilhelmsruh** ist mehrmals durch die Presse gegangen. Einmal war ein Fahrer der neuen Baureihe 480 aus seinem Führerstand geeilt, um nach einer blockierten Tür zu sehen ... und der Zug hatte sich infolge eines technischen Defekts selber in Bewegung gesetzt, bald natürlich und ohne Schaden für die Fahrgäste zwangsgebremst. Zum anderen waren Bahnhofsaufsicht und Fahrgäste an einem Sommertag vom Kollaps bedroht gewesen, weil giftige Dämpfe vom Aluminiumwerk – oder sonstwoher – zum Bahnsteig hochgezogen waren.

**Friedrichstraße** ist eine Dauerbaustelle. Will man zur Stadtbahn hinauf, hat man den Vorderausgang zu nehmen, kommt auf die Georgenstraße und hat sich dann durch hölzerne Kolonnaden zu drängeln, bis der Aufstieg zum Bahnsteig B beginnt. Es ist nicht atemberaubend, raubt einem aber den Atem.

Mein Zug ist mir weggefahren, und ich schlendere schauend zum westlichen Ende des Bahnsteigs B. Der Blick geht hinunter auf die Spree und hinüber zum Reichstag. Auf dem Fernbahnsteig wird mit Hochdruck gearbeitet, bläulichweiße Schneidbrennerflammen lassen mich an ein Siemens-Prüffeld denken. Wie oft bin ich dort drüben frierend hin- und hergegangen, um auf die einlaufenden Interzonenzüge zu warten. An den Frontseiten des Hallendaches standen die Grenzer Seit an Seit auf ihren Posten, und wenn der Zug gehalten hatte, durfte man nicht einsteigen, sondern mußte ausharren, bis sie ihn sorgfältig detektivisch nach Republikflüchtlingen ab-

Sommer 1995: Blick aus dem Stellwerk FRIW am Westkopf des Bahnhofs Friedrichstraße auf die Bahnsteighallen und zwei Züge – links ein »West-Zug«, Baureihe 480, rechts ein »Ost-Zug«, Baureihe 485.

gesucht hatten. Deckenverkleidungen wurden hochgehoben, alles dauerte. Neben dem Zug ging ein Grenzer mit einem Schäferhund entlang. Die dicke weiße Linie, etwa einen Meter von der Bahnsteigkante entfernt, durfte erst nach Aufforderung überschritten werden …

Meine S-Bahn kommt. Baureihe 476/876, was sonst. Die Scharfenbergkupplung sieht aus wie das offene Maul eines Fisches. Ich steige ein und suche mir rechts einen Fensterplatz, um die umfangreichen Sanierungsarbeiten auf der Fernbahnstrecke in Augenschein zu nehmen.

Zuerst aber geht der Blick die Friedrichstraße hinunter. Das Kulturkaufhaus Dussmann kündigt sich an. Das Ganze wird langsam wieder.

**Hackescher Markt:** Wunderschön restauriert ist das alles, sieht wieder aus wie zu Zeiten der Buchholzen. Von der S-Bahn aus kann man ins Verlagsgebäude in der Neuen Promenade blicken, und ich sehe Norbert Jaron am Schreibtisch, wie er über die Präsentation dieses Buches nachdenkt.

**Alexanderplatz:** Mein verstorbener Freund Jürgen hat mich einmal gefragt, ob ich einen

Blick auf den S-Bahnhof Hackescher Markt aus der Perspektive des Triebfahrzeugführers, aufgenommen vor Beginn der Stadtbahnsanierung im Frühjahr 1994.

Alex Sander kennen würde. »Nein ...« – »Na, nach dem haben sie doch den großen Platz benannt ... den Alex-Sander-Platz.« – »Dies ist doch kein Platz, sondern ein Nicht-Platz der besonderen Art.«

**Jannowitzbrücke:** Ich versuch's noch mal bei meinem Freund. »Jürgen ...?« – Er meldet sich hoch oben aus dem Jenseits. »Hotte, ja ...?« – »Du, wer war eigentlich Jan Nowitz?«

Ich müßte dringend mal. Der viele Kaffee, meine schwache Blase. Doch längst vorbei sind ja die Zeiten, da es auf jedem Bahnhof, an einem Bahnsteigende immer, weit hinter Auf- und Abgang, selbstverständlich einen Abort gab.

**Hauptbahnhof:** Hier wird im westlichen Bahnhofsvorfeld eine Riesenbetonplatte für den neuen Fernbahnhof gegossen, was des Eisenbahnnarren Herz natürlich höher schlagen läßt.

**Warschauer Straße:** Nu fährtse ooch wieda, die Hochbahn von hier nach Krumme Lanke, und schön ham se det allet wieda jemacht. Wat aba uffällt, is, det et jetz' ooch bei die U-Bahn Warschauer Straße heißen tut und nich mehr Warschauer Brücke wie seit die Eröffnung 1902.

Wenn wir vor der Mauer vom Geburtstag meiner Kohlenoma gekommen sind, Manteuffelstraße, Hochbahn Görlitzer Bahnhof, und gleich nach Schmöckwitz raus wollten, sind wir hier umgestiegen.

Das ist seit 1987 einer der merkwürdigsten Bahnhöfe auf dem gesamten S-Bahnnetz, denn auf einem der Gleise, kommt man mit einem »Verstärkungszug« in der HVZ (= Hauptverkehrszeit) aus Richtung **Friedrichsfelde Ost** hier an, kann man den Zug ganz legal nach beiden Seiten hin verlassen, links und rechts befindet sich je ein Bahnsteig. Steht ein Zug mit offenen Türen auf diesem Gleis, kann man, will man in die andere Richtung zurück, einfach so hindurchlaufen.

Weiter geht es, **Ostkreuz** entgegen. Und dann wie gehabt.

## Variante VI: Von Wilmersdorf nach Schöneweide (April 1997)

»You only live twice.« In meinem zweiten Leben habe ich nun zwei Lebensmittelpunkte, den anderen in Wilmersdorf, und wenn ich von da nach Friedrichsfelde in den Hörsaal will, kann ich wieder wie früher auf dem Südring fahren, nur gibt es kein Wilmersdorf mehr wie zu den Tagen, als ich hier ausgestiegen bin, um zu meinem Freund Gerhard zu eilen. **Bundesplatz** heißt es jetzt, und es ist ja auch ein ganz anderer Bahnhof, um viele Meter nach Westen versetzt, zur U-Bahn hin, die es damals noch nicht gab.

Steht man auf dem Bahnsteig, hat man dicht neben sich die Stadtautobahn, und trotz einer nun angebrachten Blende bräuchte man eigentlich Ohrenstöpsel, denn der Autolärm nervt fürchterlich.

Was hat sich noch verändert seit meinen Fahrten damals nach Siemensstadt und zur FU? Die Bahnhöfe sind mit ihren blau eingerahmten und genormten Schildern gleichförmiger geworden. **Innsbrucker Platz** sieht man auf dem Güterbahnhof Regionalzüge nach Wittstock und Perleberg ... und reibt sich die Augen. Ihr Zielbahnhof ist ja Westkreuz, und sie machen hier nur Pause.

**Schöneberg** ist zwar herrlich renoviert, aber immer, wenn ich hier – aus Frohnau kommend – umsteige und warte, habe ich das Gefühl, hier liefe ein Experiment des Wirtschaftssenators, Berlin zum Hauptstandort der europäischen Guano-Produktion zu machen und die Importe aus Chile und Peru überflüssig werden zu lassen. Guano ist der organische Dünger, der sich aus den Exkrementen von Kormoranen und anderen Seevögeln zusammensetzt und hauptsächlich Calciumphosphat und Stickstoff enthält. Da es in Berlin kaum Kormorane und andere Seevögel gibt – von denen in Zoo und Tierpark wie den Albatrossen beim Basketball einmal abgesehen –, mußte man auf Tauben zurückgreifen. Die nun scheißen den Bahnhof Schöneberg systematisch voll. Und wenn man dort steht, muß man höllisch aufpassen, keine Ladung aus Calciumphosphat und Stickstoff auf den Kopf zu kriegen. Daß man in den Taubendreck tritt, ist eh unvermeidlich.

Ach ja, noch etwas ist anders geworden: Auf dem Südring fahren jetzt weitgehend »typenrein« die Züge der Baureihe 485, der DDR-Neuentwicklung aus Hennigsdorf, weinrot und anthrazit, sehr schön anzusehen. Mit grünen Displays an den Stirnseiten, auf denen man lesen kann, wo der Zug gleich halten wird. Auch Lautsprecherdurchsagen gab es früher nicht.

Blickt man **Papestraße** nach unten, sieht man den provisorischen neuen wie den stillgelegten alten Bahnhof der Vorortstrecken nach Süden, und vor **Tempelhof** fällt einem auf, daß das alte Bw stillgelegt ist.

Architektonisch einzigartig, doch von Rost und Vandalismus gezeichnet: Der Gewächshaus-Zugang des S-Bahnhofs Botanischer Garten, Anfang der 80er Jahre.

Gott, ich habe vergessen, mir eine neue Monatskarte zu kaufen, die 93 Mark, das heißt die dafür gedachten Scheine stecken unbenutzt in der Brusttasche meines Hemdes. Wenn mich jetzt ein höherer Beamter meiner Fachaufsicht erwischt. »Einen Anarchisten wie Sie darf man keine Beamten ausbilden lassen ...« Es wäre nicht das erste Mal, daß ich das höre. In diesem Falle aber ... Tempelhof springe ich aus dem Zug und flüchte in die U-Bahn hinunter, wo ich mir meine neue Monatskarte kaufe. Bis zum nächsten Zug sind acht Minuten zu warten ...



Warten ... zwar nicht auf den Zug nach Wartenberg, aber dennoch ... Bitte warten, bitte warten ... »Please, hold the line« ... Wir sind gleich wieder für Sie da. Ein erheblicher Teil des S-Bahnfahrens besteht im Warten. Auf den ersten Blick ist es ärgerlich, weil es die Fahrzeit um viele Minuten verlängert und etwas sehr Passives ist. Doch beherrscht man die Kunst des Wartens, wird es zum Gewinn. Man kann sich in aller Ruhe Leute ansehen, sich an ihnen erfreuen oder sich über sie ärgern, sie begehren oder sich vorstellen, sie vor den nächsten Zug zu stoßen ... Die berühmte

Katharsis ist das, die Reinigung der Seele, wo man hinterher wieder lammfromm und friedlich ist. Man kann die einzigartige Architektur der Berliner S-Bahn genießen, die gußeisernen Säulen Marke altgriechisch, die Abgänge in Gewächshausart oder die Bahnhofsgebäude, die an Herrenhäuser und Burgen denken lassen. Bei Bley (Quelle 10) bekommt man auf den Seiten 65 bis 83 einen schönen Überblick.

Man kann verfolgen, wie es mit den Fortschritten auf der »Baustelle Berlin« beschaffen ist, siehe Nordkreuz oder Stadtbahnsanierung. Man kann die Züge der Gegenrichtung bestaunen, die Aufsicht in Aktion sehen, wie sie in die gelbe Säule und ihr Funksprechmikrofon säuseln. Ihr »Jutta« oder »Nordpol« beim Abfertigen der Züge habe ich immer im Ohr. Man kann auch verfolgen, wie der Fallblattzugzielanzeiger beim Weiterrattern Strecken und Stationen zeigt, die wohl erst im nächsten Jahrtausend wieder be- und angefahren werden, man kann sich an den Abstellgleisen erfreuen, auf denen Kehr- und Reservezüge warten, man kann unendlich vieles tun. Und dann die Abdeckungen der Stromschienen betrachten ... Früher waren sie aus Holz, und man konnte die weißen Isolatoren deutlich sehen. Später wurden sie durch graues Plastik (West) bzw. Plaste und Elaste (Ost) ersetzt. Heute zeigen die neuesten Exemplare das helle Gelb, das die U-Bahn schon viel früher hatte. Zählt man nach, so stellt man fest, daß auf jeder achten Schwelle ein Stromschienenhalter aufgeschraubt ist. Und ich will ja keinen bei der S-Bahn denunzieren, aber der Bundesrechnungshof könnte langsam mal merken, daß da bei einigen Exemplaren vier Bohrungen drin sind, aber nur drei Schrauben, eine Bohrung also unnütz ist. Ein schönes Geräusch gibt es, wenn die Stromabnehmer gegen die Stromschienen schlagen, vor dem Bahnhof etwa, wenn die Stromschienen nicht mehr zwischen den Gleisen liegen, sondern außen, weg von der Bahnsteigkante. Im Dunkeln gibt das die schönsten Blitze. Manchmal liegen auch Zeitungen herum, die ich nie am Kiosk kaufen würde. Hier hebe ich sie auf und lese sie. Ferner kann man Plakate betrachten, Fahrpläne studieren und die Netzspinne des Berliner ÖPNV weiter auswendig lernen. Obwohl nie wieder eine so schön werden wird wie die rotgrün-schwarze Auflage der Jahre bis 1980, die Quelle 25 zeigt es uns. Auch gibt es so schöne Bahnhofsnamen wie Satzkorn, Bornim-Grube, Flatow (»flatus«, der Furz), Schwante, Vehlefanz und Bärenklau nicht mehr. Die zu erhalten, wäre man schon Fontane schuldig gewesen, reimte der doch einst so schön in seiner »Siegesbotschaft«: *Tanz/Ist heut im Krug zu Vehlefanz/(...)/Ganz Vehlefanz hat sich aufgemacht./Neumann latscht nach./Schwante lag schon im Schlaf;/Als aber die Siegesbotschaft es traf,/Wards wach.* Vom Sieg der Deutschen über die Dänen im Jahre 1864 ist hier die Rede, und Hurra-Patriotismus nennt man das wohl, denn nur Fußball gespielt haben die damals wohl nicht. Besonders kurzweilig ist das Warten auf Bahnsteigen, die Straßen überspannen – **Zoo** beispielsweise, **Savignyplatz** oder **Friedrichstraße**.

Dennoch bin ich froh, wenn mein Zug endlich kommt. Noch kommt er aber nicht.

Schuld an meiner Schwarzfahrt war eigentlich der Automat Bundesplatz. An dem hatte ich am Tage vorher versucht, meine Monatskarte »käuflich zu erwerben« bzw. diesen »Kauf zu tätigen«, um es im Amts- wie Neudeutsch zu sagen, und zwar mit drei giftgrünen Zwanzig- und vier lilabläulichen Zehnmarkscheinen. Wer das einmal versucht hat, weiß, was es mit der Wendung »eines der letzten Abenteuer der Menschheit« so auf sich hat. Jeder Schein muß sorgfältig geglättet und mit dem richtigen Ende voran in den Schlitz gesteckt werden. Trotzdem weigert sich das kleine Männchen drinnen im Apparat bei jedem zweiten Mal – mindestens –, den Schein auch anzunehmen. Vielleicht ist er bakteriell verseucht, vielleicht stammt er aus einem Geldwaschunternehmen der Mafia, und das kleine Männchen ist vom Landeskriminalamt zur Bekämpfung der OK angeworben worden. Nach insgesamt fünfzehn Versuchen akzeptiert er den letzten meiner Scheine. Ich jubele innerlich. Drinnen rumort es nun, heraus kommt aber nicht meine Monatskarte, sondern die Summe meiner Scheine ... alle schön geglättet und gebündelt.

Ach, wie herrlich waren doch die Zeiten, als es noch Fahrkartenverkäuferinnen und Männer in den Wannen gab. Da hatten wir pro Bahnhof, man denke an den Schichtbetrieb und zwei Eingänge pro Station, an die 15 bis 18 Arbeitslose weniger ... und viele hundert zufriedene Kunden mehr.

Endlich geht es weiter.

Steigt man hinter **Neukölln** die Rampe hinauf und blickt zum Vollring hinunter, so kommt einem vor lauter Ärger die Galle hoch: **Sonnenallee** haben die Bauarbeiten für den »Lückenschluß« noch immer nicht begonnen.

### Variante VII: Vom Bundesplatz mit der U-Bahn zum Zoo und von dort mit der S-Bahn nach Friedrichsfelde Ost (1994–1997)

Diese Route wähle ich immer, wenn es mich überkommt: das Verlangen, mir einmal anzusehen, wie es mit der Stadtbahnsanierung vorangegangen ist. In der Quelle 8 ist das ganz genau beschrieben. Seit Oktober 1994 ging es ja erst einmal mit der S-Bahn auf den Fernbahngleisen entlang, die eine Stromschiene erhalten hatten. Wieder einmal kindliches Staunen, daß die Welt plötzlich so anders war. Und dann die ungewohnte »feste Fahrbahn«, die Betondecke auf dem alten Viadukt, Stein für Stein gemauert. 757 Bögen sind es laut Quelle 58. In einem davon, bei »Arno« am Savigynplatz, habe ich die Lampe gekauft, die meinen Bildschirm beleuchtet. Ich habe Crash-Ängste, wenn wir zwischen **Zoo** und **Hauptbahnhof** unterwegs sind, denn es kann ja sein, daß das alte Gemäuer doch schwächer ist, als man gemeint hatte, und daß ein Kranarm, jetzt wo die Fernbahngleise saniert werden, unkontrolliert auf die alte bzw. neue S-Bahntrasse schwenkt und meinen Wagen aufreißt, genau an der Seite, wo ich sitze.

Nichts passiert. Außer daß eine lärmende Schulklasse meine Kontemplation nachhaltig stört, daß ein rumänischer Künstler grausam schrill Akkor-

Die »feste Fahrbahn« auf der Stadtbahn: Statt traditionell auf Schwellen mit Schotter sind die Gleise nun auf einer Betonplatte fest verschraubt.

Signal der Bauart Ringbahn am S-Bahnhof Yorckstraße (Großgörschenstraße).

deon spielt und seine Kinder bettelnd durchs Abteil schickt und daß ein junger Mann mir die dritte Obdachlosenzeitung dieses Tages verkaufen will.

Im Zug der S 7 nach Ahrensfelde sitze ich, und war beim Einsteigen ein bißchen böse, daß sie neben der Liniennummer immer noch groß den Umlauf anzeigen: S 7/11. Sehr verwirrend für die Fahrgäste ohne das »Fahr« vorne, also die Gäste in der Stadt. Aba wat jehn die uns schon an. Ganz früher, fällt mir ein, gab es noch farbige Zugzielschilder. Beim Vollring war es weiße Schrift auf schwarzem Grund, wenn der Zug im Uhrzeigersinn unterwegs war, und schwarze Schrift auf weißem Grund in der umgekehrten Richtung. Wenn ich Grünau gewartet habe, stand Falkensee weiß auf grün vorn dran, und wenn es zu Tante Lolo ging, Frohnau schwarz auf gelb. Rot auf weiß war auf der Stadtbahn anzutreffen, Potsdam und Erkner waren so markiert. Hübsch bunt war das, siehe Quelle 9, S. 84. Ebenso wie mit den Signalen. Als Kind hat mich immer eines fasziniert: das weiße, vorn und hinten abgeschrägte Eisenprofil, der »Streckenanschlag«. Ist er nach hinten geklappt, kann der Zug vorbeifahren, wenn nicht, wird er zwangsgebremst. Die wichtigsten »Signalverbindungen« kann ich auswendig:

| | | |
|---|---|---|
| Sv 1 | grün/grün | Fahrt frei!/Fahrt frei erwarten. |
| Sv 2 | grün/gelb | Fahrt frei!/Halt erwarten |
| Sv 103 | gelb/gelb | Halt!/Weiterfahrt auf Sicht |
| Sv 4 | rot | Halt! |

Gelernt habe ich das Yorckstraße, wenn der Zug nach Frohnau beim Zwanzig-Minuten-Takt gerade abgefahren war, siehe »ausgefülltes Warten«. Mehr und alles darüber ist den Quellen 10, 22, 37 und 49 zu finden.

Ein Kerl steigt ein, der so aussieht wie der entflohene Sittlichkeitsverbrecher auf dem Phantombild in der Morgenzeitung.

Vorkommende Ähnlichkeiten, denke ich … Und zugleich kommt mir etwas anderes in den Sinn …

## Das Signalsystem

Die Eigenheiten des Schienenverkehrs verlangten von Anfang an nach besonderen Sicherungssystemen für die S-Bahn. Zum einen müssen auf eingleisigen Strecken Zugbegegnungen ausgeschlossen werden, zum anderen muß ein Auffahren hintereinander fahrender Züge vermieden werden. Durch die hohe Masse der Züge und die niedrige Bremswirkung aufgrund der (für den Energieverbrauch vorteilhaften) geringen Haftreibung zwischen Rad und Schiene ist dies unabdingbar. Daher wird, gesichert durch Signale, im »Blockabstand« gefahren.

Die dichte Zugfolge der Berliner S-Bahn hatte die Entwicklung eines besonderen Signalsystems zur Folge, der »SV-Signale«. Sie stellten eine Kombination aus – sonst getrennten – Vor- und Hauptsignalen dar und wurden vollautomatisch durch die fahrenden Züge geschaltet. Dem Triebfahrzeugführer wird angezeigt, was ihn am nächsten Signal erwartet, und er kann so das optimale Tempo wählen. Verschiedene, durch ein Mastschild besonders gekennzeichnete Signale können auch ohne besonderen Befehl überfahren werden, auf Sicht und mit großer Vorsicht. Vorteil dieses sogenannten permissiven Fahrens ist, daß die Leistungsfähigkeit der Strecken weiter erhöht wird.

Bei der Berliner S-Bahn kamen zwei unterschiedliche Bauarten der SV-Signale zum Einsatz: der ältere Typ »Stadtbahn« und der ab 1937 eingeführte Typ »Ringbahn«. Die Stadtbahn-Signale hatten bis zu acht Einzelblenden zum Anzeigen der unterschiedlichen Signalbilder. Beim Typ Ringbahn wurden dagegen die Signalbegriffe durch relaisgesteuerte Glasblenden angezeigt; die Signale hatten deshalb in der Regel nur noch zwei Laternen.

Allerdings wurden die SV-Signale nicht auf allen Strecken eingesetzt, sondern nur dort, wo die dichte Zugfolge einen geringen Signalabstand und einen automatischen Streckenblock erforderte, zum Beispiel auf der Stadtbahn. Auf vielen Vorortstrecken blieb man dagegen bei den traditionellen, von Stellwerken aus bedienten Formsignalen

Eine mit der Einführung der SV-Signale einhergehende Neuerung war die »mechanische Fahrsperre«, die zuvor schon bei der U-Bahn Verwendung gefunden hatte: Sie besteht aus einer Streckeneinrichtung, dem Fahrsperrenmotor und Fahrsperrenanschlag (Streckenanschlag), und der Zugausrüstung, dem Fahrsperrenauslösehebel, dem Gefahrenzähler und dem Zählerventil.

Steht ein Signal auf »Fahrt«, geht der Fahrsperrenanschlag in die Freilage (abgeklappt), steht es dagegen in der Haltstellung, ist der Fahrsperrenanschlag in der Haltlage (angeklappt).

Fährt ein Zug unberechtigt an einem haltzeigenden Signal vorbei, schlägt der Fahrsperrenauslösehebel an den Fahrsperrenanschlag. Der Zug wird zwangsgebremst, und das Zählwerk des Gefahrenzählers zählt es eine Nummer weiter.

Soll an einem haltzeigenden Signal mit Auftrag vorbeigefahren werden (berechtigte Vorbeifahrt), muß das Zählerventil betätigt werden, dieses zählt dann ebenfalls um eine Nummer weiter, und es kommt zu keiner Bremsung. Dieses System hat sich bis heute bei der Berliner S-Bahn gehalten.

In den achtziger Jahren führte die Reichsbahn auf den S-Bahnstrecken schrittweise den automatischen Streckenblock AB 70 S ein. Er wurde mit der Fernbahnelektrifizierung und der Angleichung an das Signalsystem der Fernbahn notwendig. Bei diesem Streckenblock wurde das Lichthauptsignalsystem (Hl-Signale) eingeführt, was einen otimierten Signalabstand und eine Verdichtung der Zugfolge ermöglichte. Das Beibehalten der SV-Signale hätte einen zu hohgen Umbau- und Kostenaufwand gebracht.

Die BVG führte ab 1984, nach Übernahme der S-Bahn im Westteil der Stadt, auf einigen Strecken Lichtsignale mit Bundesbahn-Lichtsignalbildern ein.

Da nach der Wende im Jahre 1989 die Reichsbahn und die Bundesbahn an der Entwicklung der S-Bahn auch im Westteil der Stadt beteiligt waren, entschied man sich für die Einführung computergesteuerter elektronischer Stellwerke (ESTW). Gleichzeitig wurde – z. B. auf der Stadtbahn – das neue Kombinations-Signalsystem (KS) eingeführt.

Bei diesem Signalsystem werden Zugfolge und -geschwindigkeit getrennt signalisiert. Mit nur einem Lichtpunkt: rot für Halt, gelb für Fahrt mit Halt am folgenden Signal, grün für Fahrt am folgenden Signal oder grün blinkend, mit gelber Kennzahl für Geschwindigkeitsbeschränkung am folgenden Signal.

Heute sind die SV-Signale, die die Berliner S-Bahn zu einem nicht nur schnellen, sondern auch besonders sicheren Verkehrssystem machten, vorwiegend noch auf der Nord-Süd-S-Bahn und ihren Zulaufstrecken anzutreffen.

# Wo Paul Ogorzow sein Unwesen trieb

## *Mit der S-Bahn zum Morden*

Mitte der fünfziger Jahre waren meine Eltern wieder einmal von Waldemar und Erna nach Rahnsdorf eingeladen worden. »Waldi«, ehemals Mechaniker bei Siemens, war Berufsschullehrer in Westberlin und hatte sich als Imker einen Namen gemacht. Er hatte einen sprichwörtlichen Charakterkopf, eine Mischung von Curd Jürgens und Gerhart Hauptmann, konnte wunderbar plaudern und litt ganz sicher nicht unter Minderwertigkeitskomplexen. Erna hatte vor dem Krieg mit meiner Mutter bei der Krankenkasse gearbeitet. In den dreißiger Jahren waren die beide Ehepaare zusammen durch die Mark Brandenburg gewandert und die Spree und Dahme entlanggepaddelt.

Hinter dem Bahnhof Rummelsburg sagte mein Vater: »Hier muß es gewesen sein ...«

»Hör auf damit!« Meine Mutter blickte ängstlich zu den Türen hin, um zu prüfen, wer wohl eingestiegen war.

Ich tat so, als wüßte ich nicht, wovon sie redeten, denn ich wollte nicht eingestehen, daß ich ganz hinten im Bücherschrank meiner Großmutter ein stark vergilbtes Buch über den Berliner S-Bahn-Mörder gefunden hatte. Immer wieder hatte sie es vor mir verstecken wollen, doch in der letzten Juliwoche, als sie drüben im Konsum gewesen war, um zu prüfen, ob die Verkäuferinnen auch alle ihre Häubchen trugen, war es mir gelungen, alles zu lesen. So hatte ich jetzt, als rechts von uns das Bw Rummelsburg auftauchte, alles ganz genau vor Augen:

Wir schreiben das Jahr 1939. Ein Sittlichkeitsverbrecher versetzt die Frauen im ausgedehnten Laubengelände zwischen Rummelsburg, Friedrichsfelde und Karlshorst in Angst und Schrecken. Über dreißig versuchte und vollendete Notzuchtverbrechen werden angezeigt, aber die Polizei kann ihn nicht fassen. Einmal aber merkt der Täter nicht, daß die Frau, die er sich als Opfer ausgesucht hat, nicht allein ist. Ihr Mann und dessen Freund folgen ihr in einiger Entfernung, und als sie schreit, sind die beiden da und verprügeln ihn fürchterlich. Doch er kann ihnen entkommen, und nach diesem für ihn schrecklichen Erlebnis ändert er sein Verhalten. Er beschließt, die Frauen, auf die er es abgesehen hat, zu betäuben, um sie am Schreien und an der Gegenwehr zu hindern und erst dann »zu gebrauchen«, wie er es später in seinem Geständnis immer wieder formuliert.

Am 20.9.1940, es ist schon sein fünftes Kapitalverbrechen, wechselt er auf die S-Bahn über, die Strecke zwischen Ostkreuz und Erkner. Da stößt er die ledige Gerda K. um 23.35 Uhr zwischen den Bahnhöfen Wuhlheide und Karlshorst aus dem fahrenden Zug. Wie durch ein Wunder überlebt die Frau und kann der Polizei berichten, daß der Täter eine Eisenbahneruniform getragen hat. Dasselbe gibt am 4.11.1940 die dreißigjährige

Angestellte Elisabeth B. zu Protokoll. Sie wird zwischen Hirschgarten und Köpenick aus dem Zug geworfen, vorher aber noch durch Schläge mit einem Bleikabel schwer verletzt. Die B. erleidet eine schwere Gehirnerschütterung, bleibt aber ebenfalls am Leben.

Einen Monat später jedoch gibt es die erste Tote. Unter dem Zeichen 4 P Js 3001/40 heißt es dazu in den Akten: »Am 3.12.1940, gegen 24 Uhr, wurde die 26jährige Krankenschwester Elfriede F. zwischen den Bahngleisen bei der Station Karlshorst mit schweren Schädelverletzungen tot aufgefunden. Nähere Tatumstände konnten nicht ermittelt werden; es war aber zu vermuten, daß es sich um den gleichen Täter wie in den voraufgegangenen Fällen handele.« Mit Ausnahme des »Völkischen Beobachters« beginnen die Zeitungen jetzt, vom »S-Bahn-Mörder« zu sprechen. Er wird zum Symptom seiner Zeit. Es herrscht Krieg, und die Stadt ist total verdunkelt. Die ersten Bomben fallen auf Berlin. Immer mehr Männer »stehen im Felde«, und immer mehr Frauen nehmen ihre Arbeitsplätze ein, müssen sehr früh und sehr spät allein in den Bahnen sitzen. Juden werden deportiert, in den Konzentrationslagern wird gemordet, sind die wahren Massenmörder am Werke.

Zwischen Rummelsburg und Karlshorst will die grausige Serie kein Ende nehmen. Sechs versuchte und acht vollendete Morde werden es schließlich sein, obwohl das Reichskriminalhauptamt am Werderschen Markt den besten Kommissar des ganzen Reichs den S-Bahn-Mörder jagen läßt und die NSDAP einen Geleitschutz für alleinreisende Frauen ins Leben ruft. Der S-Bahn-Mörder ist unter den Parteigenossen, die sich dazu anbieten ...

Wilhelm Lüdtke ist der Leiter der Mordkommission, und er tut alles Menschenmögliche, um den S-Bahn-Mörder zu fassen. Was wissen er und seine Beamten? Daß der Täter Eisenbahner ist und höchstwahrscheinlich im nahen Bahnbetriebswerk Rummelsburg beschäftigt ist. Die Aussagen der beiden überlebenden Frauen zeigen das ebenso an wie das gefundene Bleikabel und die Tatsache, daß der Mann, um mit den Frauen ins Gespräch zu kommen, nach ihrer Fahrkarte fragt. Das Gelände zwischen den S-Bahnstationen Karlshorst und Betriebsbahnhof Rummelsburg gleicht einer belagerten Festung. Kriminalbeamte sind ins Bw eingeschleust worden, und rund 5000 Reichsbahnangehörige, verteilt auf nahezu dreißig Dienststellen, werden unter die Lupe genommen. Doppelstreifen der Polizei und der NSDAP patrouillieren Nacht für Nacht durch die Gegend. Verkleidete Lockvögel sitzen in den Zweite-

Für den Fernsehfilm »Verdunklung« über den S-Bahn-Mörder Paul Ogorzow wurde 1974 eigens ein S-Bahnzug in den Zustand der frühen 40er Jahre versetzt. So erhielt das Spitzenlicht einen Verdunkelungsaufsatz, an die Seitenflächen wurden NS-Adler geklebt.

Klasse-Abteilen der Züge zwischen Ostkreuz und Erkner. Die Sperren der Bahnhöfe sind mit Kriminalbeamten in Eisenbahner-Uniformen besetzt. Mehrmals wird das Gebiet hermetisch abgeriegelt, jeder Fußgänger, jeder Radfahrer systematisch kontrolliert. Alles umsonst. Mehrere kleine Gauner faßt man, das ist alles. Der S-Bahn-Mörder läßt sich von alledem nicht stören. Auch Deutschlands bester Kriminalbeamter scheint ihm nicht beikommen zu können.

Dabei ist Paul Ogorzow alles andere als ein genialer Verbrecher. Er verfügt über nichts weiter als eine gehörige Portion Bauernschläue, den Instinkt eines Tieres und die irrwitzige Gewißheit eines Menschen mit niedrigem IQ, daß ihm als Parteigenossen niemand etwas anhaben könne, er als Pg. quasi mit einer Tarnkappe umherliefe. Seine beste Tarnung aber ist seine absolute Bürgerlichkeit. Ehrbarer Reichsbahner ist er, Hilfsweichensteller, mal auch Telegraphist, zuständig für die Weichen- und Signallaternen auf seiner Strecke, immer korrekt und zuverlässig, hat häufig Bereitschaftsdienst und sitzt dann allein im Stellwerk Vnk an der Zobtener Straße, gleich da, wo die Lauben beginnen. Auch ist er des öfteren dienstlich unterwegs, so daß keiner Verdacht schöpfen kann, wenn man ihn zu Schichtbeginn und -ende in den Zügen sitzen sieht. Seine Kollegen wissen nur Gutes von ihm zu sagen. Und er hat Frau und Kinder, die Nachbarn sehen ihn im Vorgarten Gemüse pflanzen und hinter dem Haus die Kirschen pflücken. Mit seinem Sohn schmust er viel und oft. Wer soll da in Karlshorst und im Bw schon Böses von ihm denken. Am 5.6.1937 hat er die zwei Jahre jüngere Verkäuferin Gertrud Z. geheiratet, die ein Kind, die Ingrid, mit in die Ehe bringt. Später haben sie gemeinsam einen Sohn. Erst wohnen sie bei seiner Schwiegermutter in der Dorotheastraße 24 im Parterre, dann bekommen sie oben im selben Haus eine eigene Wohnung. Manchmal fährt er mit der S-Bahn von Karlshorst zum Dienst, meist aber läuft er oder schwingt sich aufs Rad. Paul Ogorzow ist am 29.9.1912 in Muntowen auf die Welt gekommen, am Ixt-See, in Ostpreußen also, im Kreise Sensburg, und zwar als uneheliches Kind. Über verschiedene Stationen kommt er schließlich zum Bw Rummelsburg und wohnt bis zu seiner Heirat möbliert in Berlin-Karlshorst, Dönhoffstraße 37.

Die Mordkommission Rummelsburg vermag Ogorzow noch immer nicht zu fassen. Ende 1940, 13 der 14 Kapitalverbrechen hat der S-Bahn-Mörder inzwischen schon begangen, entschließt sich Wilhelm Lüdtke in seiner Verzweiflung zu einem Trick. »Wir müssen ihn aus der Reserve locken«, sagt er zu seiner Gefolgschaft. »Es hat keinen Zweck mehr, die Überwachung wird eingestellt.« In Wirklichkeit aber gruppiert er seine Beamten nur um. Doch Ogorzow begeht seine nächste Tat nicht mehr in der S-Bahn, sondern wieder – im nun unbewachten – Laubengelände. Am 3.7.1941 wird die geschiedene 35jährige Ehefrau Frieda K. in der Kolonie »Gutland II« tot aufgefunden. Sie ist vergewaltigt worden. Die Zertrümmerung des Schädels zeigt die Handschrift des S-Bahn-Mörders.

»Diesmal haben wir ihn!« ruft Lüdtke, denn neben der Ermordeten findet sich ein deutlicher Abdruck eines Herrenschuhs der Marke »Salamander-Fußarzt«, Größe 40. Anhand von Bezugsschein-Karteien werden 20000 Lichtenberger überprüft, und man findet den Mann, der diesen Schuh getragen hat: einen Tischler, der zudem noch wegen eines Sittlichkeitsdelikts vorbestraft ist. Endlose Verhöre beginnen, doch Hermann W. will und will kein Geständnis ablegen. Er sei nur als »Ritzenkieker« und kleiner Einbrecher unterwegs gewesen und nur rein zufällig über die Leiche gestolpert. Es scheint das einfachste, den Voyeur und kleinen Eierdieb zum S-Bahn-Mörder zu machen und damit die Nazi-Größen, die immer nervöser werden (»Was soll das Ausland von uns denken?«) ruhigzustellen, doch Lüdtkes Instinkt sagt ihm: Der war es nicht. Aber seine ganze kriminalistische Kunst reicht nicht aus, Ogorzow auf die Schliche zu kommen, erst der Zufall hilft ihm weiter. Ein Reichsbahnkollege sieht Ogorzow am Stellwerk Vnk, wo er seinen Dienst versieht, über den Zaun klettern und im nahen Laubengelände verschwinden. Allerdings nicht, um einen Mord zu begehen, sondern, wie sich nach dem Verhör ergibt, seine Geliebte zu einem Schäferstündchen aufzusuchen … Damit scheint die Mordkommission wiederum am Ende zu sein, doch Lüdtke schafft es noch, Ogorzow weichzuklopfen, indem er ihn durchs Laubengelände führt und ihn mit einem schwerverletzten Opfer konfrontiert, vor allem aber dadurch, daß er Ogorzow die präparierten Schädel der ermordeten Frauen vor Augen hält. In einem abgedunkelten Zimmer fällt plötzlich helles Lampenlicht auf das Tablett, auf dem sie liegen. Ogorzow sagt, er habe die Taten im »Rausch« begangen und schuld an allem sei ein jüdischer Arzt, der ihn im Verlaufe einer Tripper-Behandlung »versaut« habe. Er wird am 24.7.1941 vom Sondergericht III des Landgerichtes Berlin als Gewalttäter und »Volksschädling« zum Tode verurteilt und einen Tag später in Plötzensee geköpft.

Axel Alt hat in seinem 1944 erschienen Roman »Der Tod fuhr im Zug« die Fahndung nach Ogorzow genauestens beschrieben, wobei er die Organe des NS-Staates auftragsgemäß verherrlicht, und ich habe im Jahre 1995 als -ky versucht, in meinem dokumentarischen Roman »Wie ein Tier« ein Psychogramm Ogorzows zu zeichnen und ihn als logische Konsequenz seiner Zeit zu sehen, als Folge einer Erziehung mit Gewalt und Unterdrückung jeder Sexualität wie der Naziherrschaft, der Verdunkelung der Stadt und einer gewissen Dumpfheit des Lebens.

Und noch heute, mehr als ein halbes Jahrhundert nach seinen Verbrechen, sitzt der S-Bahn-Mörder in den Zügen, wenn wir nachts zwischen Ostkreuz und Erkner unterwegs sind …

# »Wie kommt man da am besten hin?«

*Mit der S-Bahn zu Freunden und Verwandten*

Nicht nur zu Onkel Waldemar und Tante Erna nach Rahnsdorf ging es mit der S-Bahn, sondern zu vielen anderen Freunden und Verwandten – außer zu Max Bulgrin, dem mit 92 Jahren ältesten meiner Quasi-Verwandten, denn der wohnt in Kladow. Von ihm hört man immer wieder: »Freunde kann man sich aussuchen, Verwandte nicht.« Früher, als er mit seiner Familie – Tante Irma, Gerhard und Inge – in der Koblenzer Straße zu Hause war, funktionierte das mit der S-Bahn bis Wilmersdorf ja immer blendend, siehe oben.

Ende der sechziger Jahre bin ich oft zu meinen Verwandten nach Hermsdorf gefahren, zu Curt und Bärbel und ihren Kindern, Sabine und Stefan, einem meiner Patenkinder. Sie hatten früher in ihrer Spandauer Zeit sehr zu knapsen gehabt, und zwischen der vorschulalten Tochter und mir war es damals zu diesem schönen Dialog gekommen:

»Onkel Horst ...?«

»Ja ...«

»Weißt du, wieviel Taschengeld ich noch habe ...?«

»Drei Mark.«

»Nein ...«

»Zwei Mark.«

»Nein ...«

»Eine Mark.«

»Nein ... Gar nichts mehr.«

In Hermsdorf habe ich mich immer sehr wohl gefühlt, und Hin- und Rückfahrt erhielten ihre Würze oft durch Menschen mit einem Verhalten jenseits der üblichen Norm.

**Wittenau (Nordbahn):** Eine Frau mittleren Alters war eben eingestiegen, als sie die wenigen Fahrgäste in meinem Wagen auch schon zu beschimpfen begann. »Ihr Drecksäue ihr!« Dann fing an sie, uns zu bespucken. An Aids war damals nicht zu denken, aber trotzdem gingen alle in Deckung.

**Schönholz:** Ich hatte in Hermsdorf eine Menge Rotwein getrunken und saß auf der Heimfahrt selig auf meiner hölzernen Bank an der Stirnseite des Wagens, als ein etwas abgewrackter Mann von knapp sechzig Jahren neben mir niedersank, eine abgegriffene Kladde aus der Joppe zog und mir seine Gedichte vorzulesen begann: *Hörst du meine Worte/Sie sind wie Mücken/Sirren, stechen/ Saugen dir das Blut heraus/Das Hirn./Zerquetsche sie,/ Sonst kommen sie als Flut zurück:/Zerquatschen dich.*

In **Frohnau** war ich seit 1954 schon öfter ausgestiegen, weil sich Tante Lolo, die Cousine meiner Mutter und eigentlich Lieselotte, dort angesiedelt hatte, und mit ihr Kurt, ihr Mann, und Claire, ihre Mutter, meine Tante Claire. Ja, die aus Lichtenberg, Sie erinnern sich. Tante Claire war ein Original, und ich habe versucht, ihr in meinem Kriminalroman »Blut will der Dämon« in Gestalt der Klara Kuhblank ein kleines Denkmal zu setzen:

*Ihr Vater ... hatte sie schon vor über fünfzig Jahren »meschugge« genannt, weil sie partout von dem ungeliebten Namen Klara fortkommen wollte. Kühe hießen so und Dienstmädchen. Französisch und mondän wollte sie sein, die Claire. Dann hatte sie ihre Liebe zu der großen Claire Waldoff entdeckt und sich bemüht, ihr immer ähnlicher zu werden, »meschugge« eben, und ihre Freunde und Verwandten nannten sie wirklich alle Claire, allerdings mit deutscher Aussprache, also Kläre mit ausgesprochenem e am Ende.*

So weit der kurze Auszug aus dem Roman. Die wirkliche Tante Claire trug auch Züge der Wilhelmine Buchholz aus dem Stinde-Roman, war doch auch ihr Mann – Gustav mit Vornamen, genannt »der Dicke« – nicht unvermögend gewesen, Direktor seines Zeichens und so deutschnational, daß man zur Hochzeit den roten und proletarischen Flügel meiner Familie nicht eingeladen hatte, was viel böses Blut gegeben hatte. Nicht zuletzt deswegen hatte ich ja 1982 so triumphiert, als es mir, dem Neuköllner Hinterhofkind, gelungen war, ihre Frohnauer Latifundie zu erobern und dort in Gedanken die sozusagen rote Fahne zu hissen. Wenn die wüßten, daß ich nicht mal ein eigenes Auto habe und statt dessen S-Bahn fahre ... Nun, Tante Claire war ein Original, Tante Lolo nicht minder. Sie hatte einen »Flitz«, was Künstler betraf, aber auch einen außergewöhnlichen Geschmack, und ihr Versuch, in Frohnau Worpswede zu spielen, ist ihr sicherlich gelungen. Von der Figur her eine Wagner-Sängerin, war sie stets wie eine Diseuse gewandet, zumeist in fließenden Batik-Kleidern. Und rauchte »Roth Händle« dabei, ohne Unterlaß, so daß der braune Tabaksud noch heute aus dem Mauerwerk quillt; kein Maler kann die Tapeten wirksam isolieren und eine leichte Gelbfärbung unterbinden. Einen originalen Strandkorb hatten sie ihm Garten stehen, denn – Originalton – »wegen dem Plebs heutzutage kann man ja selber nicht mehr an die See fahren«. Oft sonnten sie sich nackt darin.

»Fahrt ihr eigentlich auch mal mit der S-Bahn in die Stadt?«

»Da kriegst du uns nur mit 'ner Pistole an der Schläfe rein.«

Nachdem Onkel Kurt, Prokurist bei einer Stahlbaufirma, 1978 gestorben war, hat Tante Lolo noch bis zum Herbst 1981 allein im Frohnauer Haus gewohnt, sehr zurückgezogen. Zwei Tage hat sie, nachdem sie zusammengebrochen war, hilflos im Flur gelegen, bis sie gefunden wurde. Im Krankenhaus ist sie dann bald darauf gestorben. Ihre Mutter, Tante Claire, ist schon lange tot. Beide, Mutter und Tochter, waren zusammen eine Treppe hinuntergefallen, und Tante Lolo hatte ihrer Mutter, die zuletzt sehr schmächtig gewesen war, dabei solch schwere Verletzungen zugefügt, daß sie schließlich sterben mußte.

»Auf diesem Haus liegt kein Segen«, sagte meine Tante Eva.

Nun, ich versuche den bösen Zauber durch mein Diorama zu bannen: Bahnhof Grünau mit S- (allerdings nur von Lima und nicht von Woytnik) und Straßenbahn. In seiner Nähe hängen eine echte S-Bahnermütze und eine originale Lochzange: Ni = Nikolassee. Da bin ich zwar in meinem Leben nie ein- oder aus-, sondern nur umgestiegen, aber eine andere konnten die, die sie mir einst zum Geburtstag geschenkt haben, nicht auftreiben.

Tante Claire war eine Schwester meiner Schmöckwitzer Oma, ebenso wie Tante Martha. Auch Tante Martha hatte beim Heiraten kurz nach der Jahrhundertwende eine gute Partie gemacht, nämlich Onkel Erich, siehe meine Siemenszeit. Sie hatten zwei Töchter, und eine davon war die eben erwähnte Tante Eva, die nun wiederum Curts

Fetisch für S-Bahn-Begeisterte: Zange zum Lochen der Fahrkarten.

Mutter war, siehe Hermsdorf. Alles hängt eben mit allem zusammen.

**Tegel:** »Auf dem Tegeler See/kocht ein Segler Tee«, hatte mein Vater gesagt, als ich losgefahren war. Jetzt aber auf dem Bahnhof Tegel war nichts vom See zu sehen, auch meine Seensucht brachte ihn nicht näher. In der Schule quälten sie uns gerade mit dem »Faust«: *Wir sind so klug,/und dennoch spukt's in Tegel.* Bei Tante Martha in der Marzahner Straße spukte es nicht, da ging es vornehm zu. Marie, meine Schmöckwitzer Oma, Klara und Martha sowie die drei Brüder Albert, Reinhold und Berthold waren in Kreuzberg aufgewachsen, in der Wrangelstraße. Zwar war ihr Vater – August Quade, zugleich mein wie Curts Urgroßvater – Kunsttischler, aber dennoch eingefleischter Sozi, und allen Sozialisationstheorien zufolge hätten sie nur den »restringierten Code« sprechen dürfen (»icke dette kieke mal, Oogen, Fleesch unt Beene ...«) und bestenfalls Mamsells im Fleischerladen werden, doch siehe da, alle drei entwickelten sie einen »Hang zum Höheren«. Bei Klara und Martha vollzog sich der Aufstieg in die besseren Stände durch den Vollzug der Ehe mit einem Kaufmann bzw. Ingenieur, bei meiner Schmöckwitzer Oma, die Buchhalterin wurde und einen Elektroinstallateur zum Manne nahm, waren es die sozialdemokratischen Arbeiterbildungsvereine, die sie aus der »Arbeiterklasse« herauswachsen ließen. Was ihr Verhalten recht eigentlich geprägt hatte, waren die vornehmen Offiziersfrauen, die es in der Wrangelstraße wegen der vielen Kasernen ringsum reichlich gegeben hatte. Besonders Tante Martha sprach mit spitzem Mündchen wie Frau Oberleutnant der Reserve und erinnerte stark an Agnes Windeck, die wunderbare Schauspielerin aus den »Insulanern«, die mit ihrer Freundin immer »mitten auf dem Kurfürstendamm« zusammentraf.

»Horst, möchtest du noch ein wenig Gebäck?« säuselte Tante Martha.

Onkel Erich hatte einen Grützbeutel auf dem gänzlich haarlosen Kopf, und als Kind hatte ich immer gedacht, dies sei eine Art organischer Klingelknopf, ihn aufzuwecken, wenn er schlief.

Lassen wir's dabei bewenden. Der Fruchtbarkeit meines Urgroßvaters August Quade verdanke ich allerdings auch meine S-Bahnfahrten auf der Strecke nach Ahrensfelde, denn auch meine dort wohnende Cousine Christine geht auf ihn zurück.

Ein Zug, aus Schulzendorf kommend, überfährt den Bahnübergang Gorkistraße dicht am S-Bahnhof Tegel. Das pittoreske Schrankenwärterhäuschen auf diesem Foto von 1983 ist inzwischen abgerissen worden.

Er weilte des öfteren in weiter Ferne, zum Beispiel um in Hamburg Luxusliner wie den »Imperator« und in St. Moritz die Nobelhotels mit Intarsien auszustatten, und immer, wenn er heimgekommen war, machte er sich ans Werk, ein neues Kindlein anzusetzen. So auch die Marie, die wiederum meine Tante Gerda gebar, die dann die Gene nicht nur an ihre älteste Tochter Genia weitergab, sondern auch an besagte Christine.

**Mehrower Allee** muß ich jetzt aussteigen, und hab' das noch immer nicht begriffen, daß auf der S7 nun fast alles anders heißt. Eben noch ist das doch Otto-Winzer-Straße gewesen. Oder Bruno-Leuschner-Straße. Ich hab' das immer durcheinandergebracht, zumal es kurz davor auch noch eine Karl-Maron-Straße gegeben hatte. Heute ist auch noch die Raoul-Wallenberg-Straße zu speichern, und ich bin immer ein wenig durcheinander, wenn wir hinter Springpfuhl rechts in die Kurve gehen. Das mag aber nicht nur an meiner einsetzenden Tüteligkeit liegen, sondern daran, daß die S-Bahn hier auf fast fünf Kilometern Länge und vier Stationen parallel zur Straße verläuft – jetzt zur Märkischen Allee, zu DDR-Zeiten zur Heinrich-Rau-Straße. Was festgehalten werden muß, damit dieses Buch auch in Ostberlin gelesen wird. Jedenfalls weiß man als Ortsfremder in dieser Gegend nie so genau, wo man gerade ist.

Nach Schmöckwitz geht es ja weiterhin mit Umsteigen in Grünau, und zum Glück habe ich jetzt einen neuen guten Bekannten in Wernsdorf am Krossinsee, und zu dem gelangt man am besten mit der S-Bahn ... Allerdings muß ich **Erkner** oder **Königs Wusterhausen** in eine Taxe umsteigen.

In KW ist es ja quasi ein Durchgangsbahnhof, an dem die Berliner S-Bahn endet, aber in der Regel sind die Endbahnhöfe Kopfbahnhöfe und damit von besonderem Reiz. Diese tiefe Symbolik: Hier am Prellbock endet deine Fahrt, nichts geht mehr, keine Weichenstellung ist mehr möglich. Du bist am Ziel, und wenn der Weg dein Ziel war, folgt nun die Leere. Oranienburg, Bernau, Strausberg Nord, Erkner und Potsdam Stadt sind solche Endbahnhöfe. Hast du sie erreicht, will dich ein gewisses »high noon«-Gefühl beschleichen. Du fühlst dich fremd, irgendwie von Feinden umgeben. Ein gemeinsames Bundesland wollten sie nicht, Ausländer schätzen sie nicht gerade. Und: Bist du als Westberliner nicht auch immer noch so etwas wie ein Ausländer ...?

Blick aus dem Führerstand auf dem Weg ins Neubaugebiet Marzahn.

Zwei Lebensmittelpunkte habe ich ja, und so pendele ich oft hin und her zwischen Frohnau und Wilmersdorf. Dabei versuche ich ein jedes Mal, den Leuten in die Fenster zu gucken, wenn ich hinter Anhalter Bahnhof aus dem Tunnel auf-

Gestalterisch anspruchslos: Der in den 70er Jahren »rekonstruierte« Bahnhof Friedrichsfelde Ost.

getaucht bin. Auch auf Teilen der Stadtbahn und dem Südring bringt das eine Menge Spaß. Hier auf der Wannseebahn gibt es noch die alten Reklamen an den Giebeln, wohl noch aus den zwanziger Jahren, und verfallene Bahnsteige, Kolonnenstraße beispielsweise.

Die Tochter des Bauern in Groß Pankow, bei dem wir nach dem Krieg hamstern waren, siehe oben, Edith, lebt jetzt mit ihrem Mann in Hellersdorf ... Welche Gelegenheit für mich, endlich einmal einen der sensationellsten Bahnhöfe Berlins »auszuprobieren«! Von der Fachhochschule kommend, steige ich **Friedrichsfelde Ost** in die S-Bahn, diesmal aber auf der falschen Seite, das heißt: Richtung Strausberg. Dies vor allem – ich hätte auch gleich zur U-Bahn gehen können und wäre dann ohne Umsteigen ans Ziel gelangt –, um **Wuhletal** von der S-Bahn in die U-Bahn umzusteigen, die U5 nach Hönow ... und dies vom selben Bahnsteig aus. Boah, wou, wuusch! Das ist höchst sensationell für Berlin, einmalig, echt. Auf dem einen Gleis hält die S-Bahn, auf dem anderen die U-Bahn. Wenn ich das als Junge im Schmöckwitzer Sand gebaut hätte, wäre ich für »meschugge« erklärt worden: »Das wird's bei uns nie geben!«

Ansonsten seien alle gewarnt, die mich einmal fragen sollten: »Wie komme ich denn am besten nach ...?« Ein Beispiel, wie so etwas im allgemeinen geht:

Ich komme – ausnahmsweise einmal, weil ich vorher mit Kollegen beim Chinesen dort gegessen habe – mit der U5 von der Fachhochschule in Friedrichsfelde (eine Variante, die VIIIte, die ich Ihnen aber ersparen wollte) und steige **Alexanderplatz** in die S-Bahn um. Dies auch, um mit der Stadtbahn westwärts zu fahren und Hackescher Markt auszusteigen, um mit Dr. Norbert Jaron über dieses Buch zu sprechen. Kommt eine Frau von etwa fünfzig Jahren auf mich zu, ihre vielleicht fünfundzwanzig Jahre ältere Mutter neben sich.

»Entschuldigen Sie, wir sind aus Hamburg und möchten gerne nach ... äh ... zur Argentinischen Allee. Wie geht das bitte?«

»Ja ...« Ich überlege kurz. »Auf welcher Höhe denn?«

»Liegt das denn auf der Höhe?« fragt die Mutter. »Das wußte ich ja gar nicht.«

»Ich meine: Wo etwa?... Das ist eine ewig lange Straße.«

Die Tochter überlegt. »Zwischen Mexikoplatz und Krumme Lake soll das sein.«

»Krumme Lanke ...« korrigiere ich die Dame. »Nun ...« Ich schließe sekundenlang die Augen und rufe dann ab, was ich auf meinen Lidern innen wie auf einem Bildschirm sehe. »Erstens ...

Sie fahren mit der S 3, S 5, S 7, S 75 oder S 9 quasi zurück bis Warschauer Straße und nehmen da die U1 bis Krumme Lanke. Reine Fahrzeit siebzig Minuten. Warschauer Straße müssen sie die Treppen hoch und haben an die zweihundert Meter Fußweg in Kauf zu nehmen, dafür aber die schöne Fahrt auf der Hochbahn und über die Oberbaumbrücke hinweg, ein Prachtstück. Zweitens: Sie nehmen die U2 bis Wittenbergplatz und steigen dort um in die U1 nach Krumme Lanke. Da haben Sie auch nur einmal umzusteigen – Wittenbergplatz nur auf die andere Bahnhofseite hinüber –, können auch noch die Bauarbeiten am Potsdamer Platz verfolgen, haben auch zwischen Potsdamer Platz und Wittenbergplatz eine wunderschöne Hochbahnstrecke, aber den Nachteil, daß sie doch auch wieder eine ganze Weile im Tunnel stecken und vor allem keine S-Bahn haben. Fahrzeit etwa fünfzig Minuten. Drittens: Sie setzen sich hier Alexanderplatz in die S-Bahn – die S 3 oder die S 7 –, fahren bis Nikolassee und wechseln dort über auf die S 1. Dann bis Mexikoplatz – früher Lindenthaler Allee. Das sind nur zwei Stationen. Nur vierzig Minuten Fahrzeit, absolut unschlagbar. Allerdings haben sie Nikolassee ein paar Meter zu gehen und Treppen zu steigen. Dafür sehen Sie eine Menge von der City, alles eigentlich, und fahren durch den Grunewald. Kann aber sein, daß Sie sich auf der langen Strecke zwischen Grunewald und Nikolassee – sieben Minuten Fahrzeit – ein wenig fürchten, wenn die S-Bahn leer sein sollte, aber der S-Bahn-Mörder ist ja da nicht unterwegs gewesen. Setzen Sie sich also in den ersten Wagen. Wenn sie dieses Stück auf der S-Bahn vermeiden wollen, dann bliebe Ihnen noch ... fünftens: daß Sie mit der S 3, S 5, S 7, S 75 oder S 9 – da können Sie alle Linien nehmen – bis Friedrichstraße fahren und dort in die Nord-Süd-Bahn umsteigen, bekannt vor allem wegen der Überflutung damals 1945. Sie steigen also in den Keller und nehmen die S 1 Richtung Wannsee. Bis zum Mexikoplatz sind es dann ... warten Sie ... 13 Stationen, aber keine Angst. Reine Fahrzeit: sensationelle 35 Minuten. Allerdings muß ich Sie im Augenblick ein wenig davor warnen, Friedrichstraße umzusteigen, weil sie dort ...«

»Komm, Mutti«, sagte da die Dame aus Hamburg. »Dir ist schon ganz schlecht. Laß uns lieber gehen und eine Taxe nehmen, du brichst mir sonst zusammen.«

# »Aus grauer Städte Mauern ...«

*Mit der S-Bahn zum Wandern*

Faltblatt aus den 30ern.

Bei mir im Flur hängt ein wunderschönes mehrfarbiges Poster, der Nachdruck eines Faltplanes mit dem Streckennetz aus dem Jahre 1938, mit dem die Berlinerinnen und Berliner dazu animiert werden sollten, mit der S-Bahn »int Jrüne« zu fahren. Teils in Sütterlin, teils in Fraktur ist das Deckblatt beschriftet:

»Für Ausflüge die S-Bahn.«

Über der Karte, deren äußerste Zielbahnhöfe Oranienburg, Biesenthal, Müncheberg, Scharmützelsee, Teupitz, Wünsdorf, Beelitz und Wustermark sind, steht in schönsten Lettern:

»Benutzen sie die S-Bahn auch bei Ausflügen in die schöne Umgebung Berlins/Elektrischer Schnellbetrieb – Dichte Zugfolge – Niedrige Fahrpreise.«

Und am unteren Rand heißt es in Rot: »Löst Fahrkarten für die Rückfahrt schon bei Antritt oder Beendigung der Hinfahrt.«

Aber eigentlich hätte es einer solchen Werbung gar nicht bedurft, denn zur Kulturgeschichte Berlins gehört ganz zweifellos die Stadtflucht, wenn es Sommer wird. Schon unsere fürstlichen Herren früherer Zeiten zog es in ihre Schlösser rings um Berlin, denken wir nur an Rheinsberg oder Sanssouci, und die gutsituierten Bürger fuhren später in die »Sommerfrische«, Familie Buchholz beispielsweise nach Tegel, als dies noch ein Dörfchen war, und ab und an im Kremser an die Havel. Das gemeine Volk konnte nur am Wochenende ausfliegen, lange Zeit nur sonntags, verfiel der Wandervogelbewegung oder tummelte sich, falls dem Arbeiterstande zugehörig, auf Plätzen wie der »Kuhlen Wampe«. Man feierte bei Zickenschulze in Bernau, saß mit seiner Emma uff der Banke – an der Krummen Lanke – oder packte seine Badehose ein, nahm sein kleines Schwesterlein und setzte sich – »nüscht wie raus nach Wannsee« – in die S-Bahn. Mit Kind und Kegel und viel zu präpeln.

Kurzum, Berlinerinnen und Berliner wurden und werden an jedem Wochenende von einem kollektiven Wandertrieb gepackt: »Nur raus auße Stadt!« Westberliner allerdings bekamen da von 1953 an, als ihnen das Betreten der DDR streng untersagt wurde, ein stark triebdämpfendes Mittel verpaßt und waren bis zur Beginn der Passierscheinzeit, über zwanzig Jahre später, auf Grunewald, Wannsee und Tegel zurückgeworfen. Dann aber ...

Es bildete sich der Kern meiner Wandergruppe, anfangs der laufschwachen und -unwilligen Kinder wegen auf nur wenige Kilometer beschränkt. Nach der Vereinigung mit Freunden, die eher das Marathonmaß im Auge hatten, wurden es dann elend lange Tagestouren. Inzwischen aber schreien einige von uns schon bei Kilometer zwanzig nach dem Sanitäter. Man geht schließlich auf die Sechzig zu.

Zu DDR-Zeiten geriet die monatliche Wanderung stets zu einem Abenteuer. Mit dem Auto wagte keiner zu fahren, fürchtete man doch, einmal einem hohen Parteifunktionär, einem NVA-Leutnant oder einem sowjetischen General an oder in den Wagen zu fahren und dann die nächsten Lebensjahre im Zuchthaus zu verbringen, in Bautzen oder Brandenburg. Also blieb da »nur« die S-Bahn. Das wurde erst ein wenig anders, als man Freund Jürgen Dittberner zum Staatssekretär ernannt hatte und dann alle Insassen seines Mercedes mit fast devoter Freundlichkeit behandelt wurden. Jedenfalls bei der Ausreise aus der DDR, als sich sein hohes Amt herumgesprochen hatte. Aber auch vorher fühlten wir uns wesentlich wohler, reisten wir doch quasi unter diplomatischem Schutz.

Vorher, nachher und ansonsten war aber mit der S-Bahn nach Friedrichstraße zu fahren und dort mit den rechtzeitig besorgten Passierscheinen demütig um die Einreise zu bitten. Nur kein falsches Wort. In meinem Kriminalroman »Da hilft nur noch beten« habe ich eine solche Einreise unserer Wandergruppe ausführlich beschrieben:

*Vor vier Wochen hatten sie ihre DDR-Tour Nr. 9 geplant, rund um Dolgenbrodt, und waren als Westberliner brav zu einem der fünf »Büros für Besuchs- und Reiseangelegenheiten« gepilgert, hatten, doppelt natürlich, ihren »Antrag auf Einreise in die DDR« fein säuberlich ausgefüllt (»Bitte mit Schreibmaschine oder in Blockschrift mit Tinte«), um dann drei Tage später glückliche Besitzer eines Passierscheins zu sein, das heißt, eines »Berechtigungsscheines zum Empfang eines Visums bei den Grenzübergangsstellen der DDR«.*

*Das hatte auch alles geklappt, und nach Zahlung von DM 25, genauer gesagt: dem Umtausch von D-Mark in Mark, war ihnen heute morgen der Eintritt prompt gestattet worden, nicht ohne angemessene Rucksackkontrolle und landesübliches Warten, versteht sich.*

So weit der Roman. Bei der Frage, ob man Waffen mit sich führe, war aufzupassen, daß man nicht kalauerte und gegenfragte: »Wieso, braucht man denn in der DDR welche? Ich denke, das ist alles so sicher hier bei Ihnen …« Bei der Ausreise waren dann noch von jedem zwei Rubriken auf einem schmutzigweißen Zettelchen sorgfältigst auszufüllen: »Bei der Ausreise mitgeführte Zahlungsmittel« (wo man seine Westgeldbestände anzugeben hatte) und »In der DDR als Geschenk erhaltene und durch Kauf erworbene Gegenstände«, wozu noch Datum und »Unterschrift des Reisenden« kamen.

Unvergeßlich wird uns allen das Ambiente der Grenzübergangsstelle Friedrichstraße bleiben. Schon die Schilder. »Aufgang zur Einreise in die Hauptstadt der DDR.« Und an den ebenso grauen wie grauenhaften Buchten unten auf der Ebene

Bahnhof Friedrichstraße im Frühjahr 1990: Die Stahlwand, die den Ost- von den West-Bahnsteigen trennte, sowie die vielen Hinweis- und Gebotsschilder auf dem Weg zum Grenzübergang sind heute graue Vergangenheit.

Nur Anfang 1990 war es möglich, im Bahnhof Friedrichstaße ungefährdet ein solches Foto von der Grenzabfertigung zu machen: Die Mauer war schon gefallen, doch die DDR versuchte einen letzten Rest von Autorität aufrechtzuerhalten – so in Form überflüssiger Grenzkontrollen.

Null, durch die man hindurch mußte wie ein Stück Vieh, unter »Einreise für Bürger« fein säuberlich untereinander gesteckt: »DDR – BRD – Berlin (West)«. Um mir das lästige Beschaffen der Passierscheine zu ersparen und ohne großen Aufwand wenigstens nach Ostberlin zu können, hatte ich mir einen zweiten Wohnsitz zugelegt, bei einem Freund in Bremen, und war nun glücklicher Besitzer eines echten Bundesreisepasses. Die Westberliner hatten ja nur »behelfsmäßige« und wurden von den Organen an der Grenze immer schlechter behandelt als die BRDler. Warum, war allen klar, unser grandioser Willy Brandt hatte es deutlich zum Ausdruck gebracht: »Wir lassen uns nicht auf kleiner Flamme garkochen.«

Oben auf der Stadtbahn gab es eine keinen Spalt mehr offenlassende stählerne Trennwand zwischen dem »West-S-Bahnsteig« B und dem »Ost-S-Bahnsteig« C. Für die zehn Meter Luftlinie von B nach C brauchte man mitunter anderthalb Stunden. Kam man von Zoo aus oben an, las man in einem Transparentenkasten mit aufgemalten, nach unten gehenden Treppenstufen:

»Paßkontrolle/zur Einreise für/Bürger der BRD/ B. anderer Staaten/Bürger Berlin (West).«

Besonders ätzend waren die Kontrollen 1985, als die DDR von der Parole »Schwerter zu Pflugscharen« erschüttert wurde und wir mit unseren Rucksäcken, Bärten und Zöpfen doch sehr friedensbewegt wirken mußten. Vielleicht sahen es die geschulten Augen der Grenzen meinem Freund Peter Heinrich auch an, daß sein Vater Pfarrer gewesen war. Jedenfalls filzten sie uns Friedrichstraße fürchterlich. Sogar Jürgen Z., der Arzt war und vor dem sie deswegen ansonsten immer ehrerbietig strammgestanden hatten, mußte dran glauben und jedes einzelne der vielen mitgenommenen Tempotaschentücher auseinanderfalten. Und sie schickten uns noch einen Späher hinterher. Der war so auffällig, daß wir ihn schon ausmachen konnten, als wir die Fahrkarten gelöst hatten und unten an der Treppe zum Bahnsteig C zu entwerten suchten. Mit der Faust war auf eine stählerne Halbkugel zu donnern, und wenn man Glück hatte, war dann in die gelbe Pappe wirklich das kleine F gestanzt. Am besten waren die dran, die vorher auf dem Rummel beim »Haut den Lukas« geübt hatten. Den anderen schmerzte noch lange die Hand. Angesichts unseres Schattens wagte aber keiner über dieses Weltniveau zu lästern ... oder über die »Messe der Meister von morgen«. Der Mann saß dann auch mit uns im Zug nach Ahrensfelde. Ganz dicht hinter uns, um alles mitzukriegen. Erst als wir im Doppelstockzug nach Bad Freienwalde saßen, ließ er von uns ab. Trotzdem hatte Jürgen Z. große Angst, in Tiefensee seinen Fotoapparat aus dem Rucksack zu holen und das Bahnhofsschild abzulichten.

## Der Mauerbau und seine Folgen

Die Ereignisse des 13. August 1961 beendeten schlagartig den durchgehenden S- und U-Bahn-Verkehr in Berlin. Während das Straßenbahn- und Busnetz schon 1953 getrennt worden war, blieb das nach 1945 mühselig wiederaufgebaute Netz bis dahin noch funktionsfähig. Zunächst wurde ein provisorischer Pendelbetrieb in Gang gebracht, da in Grenznähe überwiegend keine Wendemöglichkeiten bestanden. Daß dieses sehr kurzfristig organisiert wurde, ist vor allem dem Weitblick des damaligen S-Bahn-Chefs Kittlaus zu verdanken. Er hatte operative Betriebsprogramme für alle Eventualitäten anfertigen lassen – auch für die Trennung beider Stadthälften.

Die Verbindungen zwischen Westberlin und dem Umland wurden gekappt. Im Berliner Stadtgebiet wurde der S-Bahn-Verkehr an vier Stellen unterbrochen – auf der Ringbahn zwischen Gesundbrunnen und Schönhauser Allee bzw. zwischen Sonnenallee und Treptower Park sowie im Raum Neukölln zwischen Köllnischer Heide und Baumschulenweg auf der Stadtbahn. Der Bahnhof Friedrichstraße wurde zum Endbahnhof der S-Bahnen aus Ost und West. Zwischen den Bahnsteigen für beide Richtungen entstand eine hohe Wand; die ein- und ausfahrenden Züge auf der anderen Seite waren nur zu hören. Der Bahnhof selbst wurde zur Grenzübergangsstelle ausgebaut. Neben dem Bahnhofsgebäude entstand für die Ausreisekontrolle der berühmte »Tränenpalast«.

Insbesondere die Betriebsführung auf der östlichen Stadtbahn erforderte nun einen hohen betrieblichen Aufwand, weil sich hier nahezu alle Vorortstrecken auf lediglich zwei Gleisen bündelten. Unter Zuhilfenahme eines früheren Ferngleises wurde in den folgenden Jahren der Bahnhof Alexanderplatz dreigleisig ausgebaut und so zu einem leistungsfähigen Endpunkt für einen Teil der Züge.

Die Bahnhöfe der Nord-Süd-S-Bahn (Potsdamer Platz, Unter den Linden, Oranienburger Straße und Nordbahnhof) wurden geschlossen. Die Züge zwischen den Westberliner Bezirken Kreuzberg und Wedding fuhren ohne Halt durch, die Bahnsteige waren streng bewacht.

Der frühere Umsteigebahnhof Bornholmer Straße wurde geschlossen, der in Pankow liegende S-Bahnhof Wollankstraße an der Nordbahn war nur noch von Westberlin aus zugänglich.

Während es im Westteil der Stadt verhältnismäßig leicht war, auf den »nur« verkürzten Strecken wieder einen geordneten Betrieb aufzubauen, waren in Ostberlin und dem Umland umfangreiche bauliche und betriebliche Veränderungen erforderlich, für die man rund ein Jahr benötigte.

Um von der östlichen Ringbahn auf die nördlichen Vorortstrecken zu gelangen, entstand zwischen Schönhauser Allee und Pankow eine neue Verbindungskurve. Zur Anbindung der isoliert betriebenen Strecke zwischen Hohen Neuendorf und Oranienburg wurde vom Karower Kreuz aus der Außenring mit Stromschiene versehen. Ab Schönfließ stellte eine Neubaustrecke die Verbindung nach Oranienburg her. Im Inselbetrieb weiter befahren wurden zunächst die Strecken Griebnitzsee – Potsdam und Hennigsdorf – Velten. Erstere wurde aber schon nach wenigen Wochen eingestellt und dann teilweise auf Dieselbetrieb umgestellt. Die Kremmener Bahn wurde bis 1983 mit Gleichstrom-S-Bahn-Zügen betrieben, dann wurde sie mit einer Oberleitung versehen und mit Wechselstrom weiterbetrieben.

Völlig außer Betrieb blieben die Umlandverbindungen nach Falkensee, Teltow und Rangsdorf. Diese Orte waren nur noch mit großem Zeitaufwand über dort verkehrende Vorortzüge zu erreichen, die Anschluß zu den »Sputniks« hatten – einem Schnellverkehr mit Doppelstockzügen über den Berliner Außenring. Für die Friedhofsbahn zwischen Wannsee und Stahnsdorf gab es keinerlei Ersatz auf der Schiene.

Insgesamt wurden infolge des Mauerbaus rund 32 Kilometer S-Bahnstrecken stillgelegt. Dies entspricht etwa zehn Prozent des damaligen Netzes.

Jeder DDR-Besuch fand hier ein Ende: Der berühmte »Tränenpalast«, die Ausreisehalle.

Ich hatte einen Freund gleichen Namens in Bremen, den Hans-Joachim, und wollte ihm beweisen, daß seine Vorfahren hier in der Mark Brandenburg um 1275 ein eigenes Dorf gegründet hatten.

»Das Fotografieren von Bahnanlagen ist verboten«, sagte Siegfried.

»Er hat nun mal den Auftrag von der CIA«, flüsterte ich.

»Pssst!« machte Inge.

Es ging alles gut, und in Sternebeck stiegen wir aus. Bis Strausberg war es ein ewiges Ende, und das letzte Stück unserer fast dreißig Kilometer – von der Fähre über den Straussee bis zur S-Bahn – war eine einzige Qual. Strausberg Stadt, welch putziger Bahnhof, Modellbahn pur. Zurück bis Friedrichstraße dauerte es noch eine kleine Ewigkeit. Wir waren unendlich kaputt und sehnten uns nur noch nach Dusche und Bett. Bei 33 Grad im Schatten und schwülem Wetter, das Gewitter immer hinter uns, hatten wir höllisch geschwitzt. Meine Knie schmerzten, und Blasen hatte ich auch. Was für ein Glück, unter diesen Umständen im »Tränenpalast« noch eine Dreiviertelstunde auf die Ausreise aus der DDR warten zu dürfen.

Man mußte von der Stadtbahn hinuntersteigen und dann in einer parkartigen Ausbuchtung der oberen Friedrichstraße, zwischen Bahnhofsgebäude und Spree, in langer Schlange warten. Meterweise ging es voran, und aufatmend erreichte man endlich eine Art Wartehäuschen mit der großen Aufschrift: »EXIT – SORTIE – ВЫЕЗД – AUSREISE – SALIDA.« Wenn ich heute irgendwo auf einer spanischen Insel lande und sehe, wo der Ausgang ist, muß ich immer reflexhaft an dieses »Salida« denken. Man hatte ja auch eine gute halbe Stunde Zeit, es sehnsüchtig anzustarren. Neidisch war man auf die, für die das Schild mit dem dicken schwarzen Pfeil rechts außen angebracht war: »Diplomaten u. Berufsverkehr.« Die Gemeinten konnten immer ohne Halt passieren.

Kam erst die Zoll-, sprich Rucksack-, dann die Paß- bzw. Ausweis- und Passierscheinkontrolle, immer mit der Angst, daß man unwissent- und unwillentlich gegen irgendeine der diffusen DDR-Normen verstoßen hatte. Lange prüfte der Milchreisjüngling in seiner Kabine meine Reisedokumente, besah sich mein freigemachtes Ohr und

Der Zugang zum »Tränenpalast«.

mein Gesicht und verglich – unsichtbar hinter einer Blende für mich – irgend etwas mit irgend etwas anderem. Man hielt den Atem an und sah sich schon in einem Stasi-Verlies.

Endlich war der letzte Posten passiert. Abschied von den anderen. Mit letzter Kraft spurteten Arzt-Jürgen und ich zur Nord-Süd-Bahn hinunter, doch der Zug nach Frohnau war gerade abgefahren. Zwanzig Minuten mußten wir auf die nächste Bahn warten.

»Na, freuste dich schon auf die nächste Wanderung?«

In die Märkische Schweiz ging es da, und zwar wiederum über Friedrichstraße, diesmal aber gleich mit der S-Bahn in Richtung Strausberg, wo nach Müncheberg umzusteigen war. Und zwar in Strausberg … und nicht in Strausberg Stadt, wo wir einen Monat zuvor zugestiegen waren, oder Strausberg Nord, der eigentlichen Endhaltestelle dieser Linie. Dies auseinanderzuhalten macht den S-Bahn-Kenner aus.

Im Tschernobyl-Jahr 1986 hatten wir den Scharmützelsee auf dem Programm. Von der gleichnamigen Fernbahnstation sollte es zum Spring-, Melang- und Glubigsee hinuntergehen, dann zurück nach Wendisch-Rietz. Zu diesem Zwecke war umzusteigen in Königs Wusterhausen.

»Wo wollen Sie hin?« fragten sie uns beim Mindestumtausch in Friedrichstraße, nun schon um einiges freundlicher als im Jahr zuvor.

»Nach Königs Wusterhausen.«

»Sie meinen nach KW.«

Auch später staunten wir erheblich. Während wir Westberliner nicht einmal die Petersilie aus unserer Laube aßen, weil sie uns zu hoch belastet schien, zogen unsere Brüder und Schwestern aus dem Osten scharenweise durch die Wälder am Scharmützelsee, um Pilze zu suchen. Und sie fanden auch welche, körbeweise.

Klick, ein anderes Bild.

»Vier Erwachsene nach Bernau und zurück … und drei Kinder.« Brav reihte man sich Friedrichstraße in die lange Schlange am Fahrkartenschalter ein und sagte an, was man begehrte. Jürgen Dittberners Großeltern waren in Bernau begraben, und so fuhren wir öfter mit der S-Bahn hinaus. Auch um den Hellsee zu wandern war ein Vergnügen, das sich ganz viel früher schon meine Eltern gegönnt hatten. Das Glück war vollkommen, wenn wir dann im großen Restaurant nahe der Bernauer Stadtmauer von der Serviererin »plaziert« wurden, obwohl wir uns inmitten der vielen Uniformierten ringsum wegen unserer lauten und tobenden Kinder immer wie kurz vor der Verhaftung fühlten.

Für einen S-Bahnnarren hatte der Name »Bernau« einen seligmachenden Klang, denn da war sofort die Assoziation mit der legendären Baureihe 169 und dem Schild »Bernau« vorne dran.

Auf der Rückreise aus der DDR ergab sich dann stets dasselbe Problem: Wohin mit dem umgetauschten Geld? Zumeist kauften wir uns Unter den Linden oder im Bahnhof Friedrichstraße bergeweise – später selten bis nie gelesene – Bücher, was aber spätabends oder sonntags nicht möglich war. Also bekamen Siegfried und Inge den »Parteiauftrag«, Friedrichstraße in der Devisenumtauschstelle ein besonderes »Zwischenlagerkonto« anzulegen.

So richtig begannen wir die S-Bahn aber erst nach der Wende für unsere Wanderungen zu nutzen. Gleich im Sommer 1990 genossen Arzt-Jürgen und ich die gänzlich neuen Möglichkeiten, um zum Paddeln hinaus nach Schmöckwitz zu fahren. Kein Grenzübergang Friedrichstraße mehr, mein Gott, nicht zu fassen! Statt dessen setzten wir uns in Frohnau ins Auto und fuhren ein kurzes Stück nach Norden hinauf, um uns in Hohen

beim Aufschrauben einer Seltersflasche am Finger verletze und Blut auf das Schlachtfeld tropft – siehe »Napoleonische Befreiungskriege« und »Schlacht bei Großbeeren« –, lacht Arzt-Jürgen nur und leistet keine erste Hilfe.

Als Freund und Psychologe Peter Heinrich an der Sakrower Heilandskirche einmal dringend muß und sich gerade noch in ein transportables Toilettenhäuschen retten kann, eilen Jürgen Dittberner und ich herbei, um es umzulegen. Fast jedenfalls. Elke ist Lehrerin und kann im letzten Augenblick das Schlimmste verhindern.

Psycho-Peter – im Gegensatz zu Hüne-Peter – hat sowieso seine Probleme bei der Benutzung der Berliner S-Bahn. Nicht, weil er aus einem kleinen Weiler im Schwarzwald kommt, sondern weil er eingefleischter Autofahrer ist. Immer wieder, wenn er auf den Holzbänken sitzt, sieht man ihn, wie seine rechte Hand von der Schulter oben links zum Becken rechts nach unten fährt. Mehrfach.

»Was machst du denn da?«

Ist es eine Art rituelles Gebet nach Naturvölkerart, das er vollführt, um nicht Opfer eines Bahnunfalls zu werden, oder streicht er sich über die schmerzende Brust, schon in der Nähe eines Herzinfarkts …? Unruhe kommt auf. Soll man den Notarzt rufen lassen?

Nein. Er sucht nur nach seinem Anschnallgurt.

Felix Huby – »O Gott, Herr Pfarrer« und »Ein Bayer auf Rügen«, auch der Bienzle-Schöpfer – lästert immer, wenn wir, stolz auf diese, auf unsere Berge klettern. Stehen doch die Krausnicker Berge mit immerhin 144 Meter in den Karten verzeichnet, und die Rauenschen Berge messen gar 148 Meter. Für ihn als Schwaben sind dies indessen nur unwesentliche Wellen in der flachen Streusandbüchse Brandenburg. Gemessen am Bodensee erscheinen ihm auch unsere einheimischen Gewässer als recht klein geraten und sich zudem sehr ähnlich im Charakter. Und so stammt denn auch, als wir bei einer Wanderung in der Rheinsberger Gegend den zwölften See des Tages erreichen und ich verzückt meine Hände in sein Wasser tauche, der Spruch des Tages von ihm: »Das Besondere an diesem See ist, daß er so aussieht wie alle anderen.«

Aber dennoch kommt er immer wieder gerne mit, wenn wir in Blankenfelde aussteigen (S 2 von Waidmannslust), um von hier aus zum Rangsdorfer See zu laufen oder mit der S 46 in den tiefen Südosten fahren, um – umsteigen in Königs Wusterhausen – von Halbe oder Oderin aus in die eben erwähnten und traumhaft schönen Krausnicker Berge zu wandern.

Inge, jetzt die »Wetter-Inge«, weil sie beim ZDF für die Prognosen zuständig ist, wird gleich am Treffpunkt bestürmt, welche Chancen wir denn wohl hätten, nicht naß zu werden. Meistens aber haben wir Glück. Einmal hatten wir sogar Riesenglück: 35 Grad im Schatten, keine Wolke am Himmel. Das war der Tag, wo uns Siegfried zur Rast am frühen Nachmittag auf einen Segelflugplatz führt … Kein anderer als er darf eine Wanderkarte mit sich führen. Bemerkt er das, stürzt er sofort hin und entreißt ihm diese. Da er jede Wanderung als einen Marathonlauf ansieht, bekomme ich ihn selten zu Gesicht, da ich eine schwache Blase habe und oft den Anschluß an die Truppe verliere. Zum Glück sind Marilies und Heike am Ku'dammbummeltempo orientiert. Hüne-Peter und Liane versuchen, die zwei, drei Kilometer zwischen Spitze und Ende des Feldes mit Frohsinn zu überbrücken. Manchmal kommt auch Heinz-Gert mit, der vom dunklen Drange erfüllt ist, uns immer und überall Tucholsky vorzulesen, so daß man gar nicht zu rasten wagt. Bei Psycho-Peter muß man aufpassen, daß er nicht wieder seinem Triebe verfällt und um ein Glas bittet.

Auch Hüne-Peter ist immer in »action«, schon in der S-Bahn. Sitzt einer auf den Holzbänken und hat auch nur entfernte Ähnlichkeit mit einem Schriftsteller, will er ihn sofort engagieren für seine nächste »Reinickendorfer Kriminacht« auf der Tegeler Insel.

Der Mann zuckt zusammen. »Nein, der bin ich nicht ...«

Enttäuscht fragt ihn Hüne-Peter dann, ob er nicht wenigstens ein Bild zu verkaufen habe.

Auch mit Karlheinz, meinem nichtehelichen Schwiegervater, sind wir schon gewandert ... nach Rangsdorf. Als ich ihn gestern beim vorösterlichen Kaffeetrinken nach seinen S-Bahn-Erlebnissen frage, bekommt er leuchtende Augen. 1947/48, erzählt er, seien die Neuköllner Jungmannen jedes Wochenende scharenweise mit der S-Bahn bis Rangsdorf gefahren, um im dortigen »Seebad-Kasino« die Nacht hindurch zu tanzen. »Da ist es dann immer zu Schlägereien mit den Russen gekommen ... aus den Kasernen in Rangsdorf. Aber immer unter sportlichen Aspekten. Ohne Waffen, nur mit den Fäusten. Und wenn einer am Boden lag, war der Kampf beendet. So wie bei einer Kirmes in Bayern. Keiner hat die Polizei geholt. Ein Veilchen war wie ein Orden.« Morgens in der Frühe habe man dann noch ausgiebig im See gebadet und sei erst dann wieder zur S-Bahn gelaufen, um nach Hause zu fahren. Überhaupt sei es zu dieser Zeit große Mode gewesen, mit der S-Bahn zum Tanzen – Boogie Woogie – in die Vororte zu fahren, nach Adlershof zum Beispiel ins »Sanssouci« oder nach Buch hinaus. Einmal habe er oben am Prenzlauer Berg eine Freundin gehabt und sei dann mit dem letzten Vollring von Schönhauser Allee nach Hause gefahren. »Eigentlich hätte ich ja Hermannstraße aussteigen müssen, aber ich bin immer erst Papestraße wach geworden, Endstation, so erschöpft bin ich gewesen. Und von da mußte ich dann zu Fuß nach Hause laufen, zur Kottbusser Brücke. Das alles fällt mir immer ein, wenn ich S-Bahn höre.«

# 0 Uhr 16 ab Hohen Neuendorf

*Mit der S-Bahn durch die Nacht*

1992 habe ich am Pfingstsonnabend im Rahmen der »Volksuni« an der Humboldt-Universität einen Vortrag über »No-go-areas« in Berlin gehalten, über die Bereiche also, die man nicht betreten sollte, wenn man nicht überfallen, beraubt, zusammengeschlagen, niedergestochen oder gar getötet werden will. Zu diesem Zwecke hatte ich meine Studierenden eine kleine Umfrage durchführen lassen, und da stellte sich heraus, daß die Berlinerinnen und Berliner – weit vor allen anderen Orten und Plätzen – die S-Bahn als solch gefährliches Territorium betrachten, insbesondere ihre Außenstrecken.

Ist es der S-Bahn-Mörder, der da noch in unseren Köpfen spukt, oder haben wir für die Berichte über Verbrechen, die »auf der S-Bahn« verübt werden, einen ganz besonderen Speicher? Es ist ja mit dem S-Bahnfahren wie mit dem Fliegen: Hunderttausendmal geht alles gut, und niemand verschwendet einen Gedanken daran, aber wenn dann einmal etwas passiert, dann ...

Am 23. Februar 1997 gibt es im ZDF den Spielfilm »2½ Minuten« von Rolf Schübel, wo zwischen Springpfuhl und Friedrichsfelde Ost bei einem Kampf zwischen zwei rivalisierenden Jugendgruppen ein junger Mann erstochen wird.

Als ich wenig später allein zu meiner Nachtfahrt starten will, ist meine engste Bezugsperson mehr als entsetzt. Ob ich wohl Selbstmord begehen wollte?

»Nein.« So sehr hätte mich dieser Schicksalsschlag nun doch nicht getroffen.

»Welcher Schicksalsschlag?«

»Na, das mit deiner neuen Kurzhaarfrisur.«

Ehe sie ihren Nagellack nach mir schleudern kann, versichere ich ihr, nicht ohne einen Bodyguard reisen zu wollen.

Dieser heißt Jacques, hat eine Profi-Ausbildung und führt einen scharfen Dobermann bei sich. Nachdem ich dies meinem Freund Hüne-Peter und Norbert Jaron, dem Verleger, mitgeteilt hatte, wollten sie mich gerne begleiten. Auch Hüne-Peters Bruder Karl-Hermann ist mit von der Partie. Er kommt aus Bodenwerder, der Münchhausen-Stadt, weiß also, was es heißt, Abenteuer zu bestehen.

Wir treffen uns am Sonnabend, dem 5. April, kurz vor 21 Uhr Frohnau auf dem Bahnsteig unten. Bewaffnet sind wir – neben dem Dobermann – mit einer Schreckschußpistole, einem Elektroschocker, einem Reizgassprühgerät und möglicherweise noch anderem, wovon ich nichts weiß. Der Verleger hat kurz vorher angerufen und will erst Friedrichstraße zu uns stoßen. Wir vermuten, daß er Angst bekommt hat.

»Angst«, doziere ich, »ist das Gefühl, das den Menschen darauf aufmerksam macht, daß ihn eine Gefahr bedroht, der er sich nicht gewachsen fühlt.« Die Frage sei aber, ob wir unter zu hoher, sprich pathologischer Ängstlichkeit bzw. Angst-

## Die S-Bahn hat viele Gesichter

Über die Jahrzehnte hinweg hat sich das Erscheinungsbild der S-Bahnzüge nicht nur durch neue Baureihen gewandelt: Die Züge selbst wurden vielerlei Veränderungen unterzogen, etwa um sie neuen technischen und betrieblichen Notwendigkeiten anzupassen oder aber um dem Zeitgeschmack Rechnung zu tragen. Im folgenden werden die augenfälligsten Veränderungen beschrieben.

Nachdem die ersten 1924 eingeführten Züge noch im preußischen Einheitsgrün umhergefahren waren, erhielten die Züge mit der Einführung der legendären Bauart »Stadtbahn« ab 1928 – z. T. nachträglich – den Triebfahrzeuganstrich der Deutschen Reichsbahn: bis zur Fensterhöhe dunkelrot, darüber ocker. Allerdings unterschieden sich hiervon die Wagen der »2. Klasse«; sie waren oben blau. (Wer die alten Originalfarben sehen möchte, muß nur an einer der monatlich stattfindenden Fahrten des »Traditionszuges der S-Bahn Berlin GmbH« teilnehmen. Um den Zug anläßlich der 750-Jahr-Feier Berlins im Jahre 1987 originalgetreu rekonstruieren zu können, waren an alten Wagenkästen umfangreiche, fast kriminalistische Farbuntersuchungen durchgeführt worden.) Mit den Stadtbahnzügen kamen auch die automatischen Türschließeinrichtungen.

Nach dem Zweiten Weltkrieg wurde die S-Bahn »klassenlos«, man könnte aber auch sagen: »drittklassig«. Mit der Abschaffung der 2. Klasse verschwanden die blaue Farbe und die Polstersitze. Erst in den fünfziger Jahren wurden – neben den üblichen Holzsitzen – auch wieder Polstersitze (nun mit grüner Kunststoffbespannung) eingeführt.

Seit den sechziger Jahren werden die S-Bahnzüge im Regelfall mit Funk abgefertigt. Nach dem Einbau der Sicherheitsfahrschaltung (»SIFA«), die den Fahrer überwacht, konnte der Triebwagenschaffner entfallen. Bei den Zügen der Bauarten »Stadtbahn« und »Wannseebahn« – bis dahin an den charakteristischen zwei Lampen auf dem Dach, den Oberwagenlaternen (»Owalas«) erkennbar – veränderte sich das Erscheinungsbild deutlich. Die alten Lampen wurden abgebaut und durch in den Wagenkasten integrierte Front- und Schlußlichter ersetzt.

Etwa zur selben Zeit wurde in Ostberlin damit begonnen, das alte, durch Holzverkleidung und Linoleum geprägte Innere der Züge durch »zeitgemäße« Werkstoffe zu modernisieren. Typisch wurden Neonröhren, blaue Sitze und helle Wandverkleidungen – was an Mutterns Küchenmöbel erinnern ließ.

Ab 1973 folgte der nächste Schritt. Wenn schon aus wirtschaftlichen Gründen keine neuen Züge gebaut werden konnten, mußten die alten wenigstens der Zeit angepaßt werden. Es kam der »Mod-Zug« mit neuer, zweigeteilter Stirnfront und »Schaku mit Klavier«, d. h. vollautomatischer Kupplung. Die meisten Züge in Ostberlin wurden entsprechend modifiziert. Optisch-akustische Signale warnten die Reisenden nun vor dem Schließen der Türen. Als diese Einrichtungen erstmals am Fahrzeug befestigt wurden (über den Türen auf dem Dach), erhielt diese Variante den despektierlichen Spitznamen »Warzenschwein«.

In den achtziger Jahren erfolgten – in Ost wie in West – Experimente mit der äußeren Farbgebung der Züge. Im Westen, wo man im Innern weitgehend beim »Holzcharakter« der Züge geblieben war, kam für das Ocker ein helleres »BVG-Creme« in Mode. Der Versuch, für die neue Baureihe 480 eine blaue Farbe durchzusetzen, scheiterte am Widerstand der Öffentlichkeit.

Im Osten sollten zur 750-Jahr-Feier alle Verkehrsmittel der Hauptstadt der DDR eine einheitliche Grundfarbe mit spezieller Kennung für jedes Verkehrsmittel erhalten: die U-Bahn gelb, Bus und Straßenbahn orange, die S-Bahn rot. Der erste Versuchszug der S-Bahn erhielt neben dem schmutzigweißen Grundton eine rote Frontpartie und rote Türen. Ein Spitzname war schnell zur Hand: »Lattenzaun«. Der Regelanstrich kehrte dann wieder zur alten horizontalen Farbverteilung zurück. Mit der neuen Baureihe 270 kam schließlich ein helles Rot mit anthrazitfarbenem Fensterband hinzu.

Nach der Wende verabschiedete sich die Reichsbahn rasch wieder von der erst in den achtziger Jahren eingeführten Farbgebung und kehrte zur traditionellen Gestaltung zurück – allerdings in der BVG-Variante. Auch die seit 1997 eingesetzten Züge der Baureihe 481 bieten die alten Farben – aber in neuer Verteilung. Buntscheckige Polstersitze sollen neuerdings die Graffiti-»Künstler« demotivieren.

Die optische Vielfältigkeit – auch bei Zügen der gleichen Baureihe – bietet heute für den S-Bahn-Fan zwar viel Abwechslung, von einem unverwechselbaren Erscheinungsbild kann dabei aber zur Zeit nicht die Rede sein.

neigung litten. Die Angstlust allein könne es bei uns nicht sein. Sind wir nun a) hysterisch, b) klug und weise oder c) beides?

Die Route hatte ich vorher festgelegt: Mit der S 1 von Frohnau nach Nikolassee (62 Minuten), mit der S 7 von Nikolassee nach Ostkreuz (45 Minuten), mit der S 10 von Ostkreuz nach Hohen Neuendorf (47 Minuten) und mit der S 1 von Hohen Neuendorf zurück nach Frohnau (6 Minuten). Die reine Fahrzeit beträgt also – ohne Umsteigen und Warten – 160 Minuten = 2 Stunden und 40 Minuten. Das ist die Flugzeit Berlin – Palma de Mallorca oder die ICE-Strecke Berlin – Hildesheim. Weil auf der Stadtbahn Pendelverkehr zu erwarten ist, starten wir 20 Minuten früher, statt 21 Uhr 22 schon 21 Uhr 02.

Grausames Wetter ist angesagt: »Nachts geht der Regen bei Tiefstwerten um ein Grad langsam in Schneeregen über …« Zieht euch warm an!

**Frohnau** warten etwa zwei Dutzend Reisende, überwiegend Kids mit Rucksäcken und Turnschuhen. Einige rauchen, andere unterhalten sich auf polnisch. Der Gegenzug, der nach Oranienburg, ist zur Hälfte leer. In einem Wagen knutscht ein Pärchen, aus einem anderen gucken zwei schwarze Wachmänner gelangweilt zu uns herüber.

Unser Zug kommt pünktlich an, und wir steigen in den zweiten Wagen. 876 418-5 notiere ich. Die Sitze sind nagelneu, und zwar aus glattem Kunststoff, der schon von vornherein so aussieht wie mit dicken bunten Filzern beschmiert und gut zu reinigen ist. Pünktlich 21 Uhr 02 startet die S 1 in Richtung Süden. Hinten im Wagen schnattern junge Mädchen. Es geht um Liebe und Schulprobleme. Draußen ist es so finster, daß man das Gefühl hat, durch einen Tunnel zu fahren, in dem jemand vergessen hat, die Lampen auszuschalten. Karl-Hermann bedauert, daß dies keine Sightseeing-Tour zu werden verspricht. Auch von Thrill noch keine Spur. Der einzige, der zittert, ist der Hund, genauer gesagt: die Hündin. Ich frage nach dem Namen und verstehe TUI.

»Ah, gesponsert vom Reiseveranstalter aus Düsseldorf?«

»Nein: Toe.« Jacques buchstabiert es mir.

»Toe …?« fragte ich, sicher, dieses Wort noch nie gehört zu haben.

Unser Bodyguard klärt mich auf. »Wie englisch: Zeh. Die hat einen verkrüppelten Zeh.«

Ich bin blamiert, aber es wissen ja eh alle, daß ich mit meinen Englisch nie ganz das Niveau eines Simultandolmetschers erreiche. Aber nicht deswegen zittert das Tier, sondern weil es noch nie in seinem Leben S-Bahn gefahren ist.

Hüne-Peter beklagt das Fehlen von S-Bahnsurfern. »Nawrocki sollte zur Unterhaltung der Fahrgäste wenigstens Stuntmen dafür einstellen.« Axel Nawrocki ist der Berliner S-Bahn-Chef.

Damit endlich etwas passiert, überlegen wir, ob wir nicht die Notbremse ziehen sollten. Was das wohl kostet? Die Schätzungen bewegen sich zwischen 50 und 200 Mark. Ein paar Bahnhöfe später sagt uns ein S-Bahner, der Richter würde das festlegen. Wir finden das unerhört und sprechen uns für eine feste Summe aus.

**Friedrichstraße** reißen wir die Türen auf und suchen den Bahnsteig nach Dr. Jaron ab. Richtig, da steht er, aber kaum als solcher auszumachen, weil er sich flott gewandet hat. Wie James Dean damals. Auch er klagt. Daß er nirgendwo etwas zu essen bekäme, Friedrichstraße nicht mal 'ne Bockwurst. Schier am Verhungern sei er.

Zwei Farbige (»Blacks«) steigen ein, eine Frau im Abendkleid mit einer dunkelroten Rose, schön wie Whitney Houston, und ihr Mann. Mit schwarzem Humor denke ich: Die hat uns die Regie geschickt, damit jetzt die Skins mit ihren Baseballschlägern die S-Bahn stürmen, wo bleiben die?

Entsetzen bei uns: Die beiden mitgebrachten Handys funktionieren nicht, der Nord-Süd-Tunnel schottet alles ab. Wie sollen wir jetzt 110 anrufen?

**Anhalter Bahnhof** steht eine Reisegruppe aus – sagen wir – Korea herum, und einer fotografiert sie und den Zug. Jetzt müßten doch eigentlich und endlich einmal ... Nichts passiert. Ab Schöneberg wird es richtig gemütlich, Familien überwiegen. Die erwarteten Abenteuer des Schienenstranges werden immer unwahrscheinlicher.

**Friedenau:** Ich frage den Verleger, ob er nicht endlich einen Lyrikband von Fried E. Nau verlegen wolle, die Berliner hätten sogar schon einen Bahnhof nach ihm benannt. Hüne-Peter fügt hinzu, daß Fried E. der Sohn von Alfred Nau sei, dem langjährigen und sehr verdienten Schatzmeister der Bundes-SPD. Wie sagt meine Mutter immer: »Durch Reden kommt 'ne Unterhaltung zustande.« Auf dem Transportwägelchen einer Frau steht »Bean«, und wir könnten uns nun minutenlang über Mr. Bean, den Komiker, austauschen, da aber alle das Gleiche denken, kommt kein Tausch zustande und jeder nimmt wieder mit nach Hause, was er mitgebracht hat.

**Zehlendorf:** Whitney Houston und ihr Mann steigen aus. Weil nichts los ist, stehen wir auf, gehen im leeren Wagen umher und studieren die Plakate. »Die Umweltkarte ist famos, es fahren bis zu Fünfe los.« Mit meiner geht das nicht mehr, und alle anderen haben brav bezahlt. Weil wir dreieinhalb Stunden unterwegs sind, sogar zweimal. Ich schwöre es.

**Nikolassee** steigen wir um. Der lange überdachte und verglaste Übergang zur S 7 ist nun in der Tat ein Ort zum Gruseln. Wenn man hier allein wäre ... Der Hund wird an einen Straßenbaum geführt. Mir untersagt man das, obwohl ich dringend müßte. Auf dem Bahnsteig ist es naßkalt und windig. Regionalzüge huschen vorüber. Pünktlich 22 Uhr 11 kommt der Zug nach Ahrensfelde und ist so gut besetzt wie zur frühen Nachmittagszeit. Wir begeben uns in den Wagen 476 037–7.

Jetzt kommen die acht Minuten zwischen Nikolassee und Grunewald, vor denen immer wieder gewarnt wird. Doch wieder geschieht nichts, was sich ausschlachten ließe: Kein Raubüberfall, kein Serientäter, keine Schlacht zwischen Neonazis und Autonomen, kein Selbstmörder, der sich vor den Zug wirft, kein S-Bahnsurfer, kein Graffiti-Schmierer, nichts. Wie war doch Freund Hubys Kommentar, als ich ihm von dieser Fahrt erzählt hatte: »Warum setzt du dich nicht zu Hause vor den Computer und denkst dir etwas aus. Das gibt doch viel mehr her als die Wirklichkeit.«

Immerhin: **Westkreuz** steigt ein Stadtstreicher ein, der sein gesamtes Hab und Gut in einem Einkaufswagen mit sich führt. Obenauf liegt ein langes Kofferradio. Er bettet sich auf eine der Längsbänke, und die S-Bahn ist sein Zuhause. Eine Dame mit Sonnenbrille hat offenbar eine Fahrt im Orient-Express erwartet und ist entsetzt, daß es bis Zoo noch so viele Stationen sind.

**Grunewald** erhebe ich mich im Gedenken an Eva Renzi, die hier gewohnt hat und ihre Lebenserinnerungen bei Jaron herausbringen will. Gleich nach der Maueröffnung bin ich einmal mit ihr vom Lehrter Stadtbahnhof aus S-Bahn gefahren. Welch Glück in ihren schönen Zügen, als die Leute in den Zügen sie erkannten und zu tuscheln begannen.

Der Verleger hat mit Dieter Kaddoura von der Zeitschrift »Signal« gesprochen und viel über die Berliner S-Bahn gelernt: Daß die neue Baureihe 481 bei den Insidern »Taucherbrille« heißt, weil die Frontscheibe einer ebensolchen ähnelt, und die Baureihe 485 »Coladose« ... Wegen der Asso-

Nächtliche Impressionen vom S-Bahnhof Ostkreuz. Dank einer Aktion der BEWAG strahlt der Bahnhof wie ein Weihnachtsbaum.

ziation mit der entsprechenden roten Getränkedose. Die Ausstattung unseres Wagens erinnert ihn an die Küche seiner Eltern: »Wegen der blauweißen Resopalplatten ...« Die Neonröhren unter den angeschmuddelten Abdeckungen oben in der Mitte sind alle von unterschiedlicher Helligkeit und Tönung. Wie früher in der DDR. Fast hätte ich Friedrichstraße nach meinem Passierschein gesucht.

»Was denn: Auf der Stadtbahn kein Pendelverkehr ...?«

Nicht mal das, wir sind enttäuscht.

**Warschauer Straße** kommt leichte Panik auf, denn die Lautsprecherdurchsage ist nicht so leicht zu deuten. Wir springen erst auf den Bahnsteig hinaus, dann wieder in den Zug hinein. Weil das die richtige Entscheidung war, haben wir in Ostkreuz zwanzig Minuten Zeit, und da der Verleger nun wirklich am Verhungern ist, beschließen wir, in der Umgebung des Bahnhofs, obwohl er keine zu haben scheint, nach etwas Eßbarem zu suchen. Der Kiosk von »Ditsch« verspricht zwar »Jederzeit ofenfrische Brezeln«, aber 23 Uhr ist offenbar außerhalb jeder Zeit, die hier auf dem **Bahnhof Ostkreuz** eh stehengeblieben ist. Sollte Alfred Behrens hier meinen S-Bahn-Mörder-Roman verfilmen wollen, der ja 1939–41 spielt, brauchte man nichts zu verändern. Die Gänge sind lang und verwinkelt, auf den Wegen steht das Wasser knöchelhoch. Wer hier allein unterwegs ist, sollte 100-Meter-Zeiten nicht unter 11,0 (männlich) oder 12,0 (weiblich) haben. Doch wir sind ja eine Gruppe und deswegen stark.

Sonntag-/Ecke Neue Bahnhofstraße steht dann eine Imbißbude – »Kebap Hut«. Hut ab, sie hat's jedenfalls, das gesuchte Flair wie Essen. Filmreifes Ambiente ist das hier: Ödland, Martinshörner nahebei, Abrißhäuser und oben auf dem Damm die S-Bahn. Sonst wird ja diese Verbindungskurve zwischen Nordring und Stadtbahn nicht mehr genutzt, aber heute, wo wegen irgendwelcher Bauarbeiten alles nach Warschauer Straße umgeleitet wird, kommen hier andauernd Züge entlang. Unser Verleger kann kräftig zubeißen, ich labe mich an einem Kümmerling. Weil das Ergebnis dieser Tour so kümmerlich sei, meint Hüne-Peter. »Wartet mal ab«, sage ich. »Man soll's ja nicht beschreien.« Immerhin hat hier in Ostkreuz erst vor kurzen eine Gruppe Jugendlicher den Bahnhof gestürmt und wahllos alles niedergeschlagen, was zu entdecken war. Und auf der S 10 nach Birkenwerder, die wir gleich nehmen werden, seien schon etliche Leute überfallen und aus dem Zug gestoßen worden.

Der Höhepunkt für mich ist indessen schon gekommen: Ich finde eine stille Ecke, in der ich endlich, um dies mit den Worten Kleists zu sagen – siehe Michael Kohlhaas –, mein Wasser abschlagen kann. Während ich erlöst bin, lösen sich die anderen ihren zweiten Fahrschein.

Vom Ringbahnhof oben hat man einen herrlichen Blick auf das nächtliche Berlin. Hoch wölbt sich der Himmel über der Stadt, Wolken rasen zwischen den Sternen umher und brechen sich am Fernsehturm.

Ein Kurzzug nimmt uns auf, ganz genau gesagt: der Wagen 875 607–4. Es ist 23 Uhr 21 MEZ. Es gibt kackbraune Kunstledersitze, die so warm sind, wie es die Heizdeckenvertreter bei ihren Kaffeefahrten immer leicht betrügerisch versprechen. Die Wandverkleidung, ein nachgemachtes Furnier, erlesen scheußlich, ist mit einem dicken schwarzen Filzer so verschmiert, daß es an die frühen Anfänge japanischer Höhlenmalerei erinnert. Alle Scheiben sind zerkratzt.

Was kann man Karl-Hermann von unserer Metropolen-Herrlichkeit noch so alles zeigen. Das Velodrom, das hell angestrahlt ist, mehr nicht.

Ab **Bornholmer Straße** sind wir mit einer jungen Frau allein in unserem Waggon. **Pankow** springt sie ab, als der Zug noch nicht ganz gehalten hat, gerät mit ihren Plateausohlen in eine Pfütze und schlägt lang hin. Bevor Hüne-Peter hinauseilen und ihr aufhelfen kann, ist sie schon davongelaufen. Ganz vorn im Zug sitzt ein anderes junges Mädchen allein. Wir staunen. Den S-Bahn-Mörder-Roman scheinen nicht alle gelesen zu haben. Im zweiten Wagen entdecken wir noch ein Pärchen. Ohne uns säßen nur drei Passagiere im Vier-Wagen-Zug nach Birkenwerder.

**Pankow-Heinersdorf** entzückt mit seinem großen Güterbahnhof. Mittendrin leuchtet das gelbgeschwungene McDonalds-M. Auf dem ganzen langen Bahnsteig steht kein Mensch herum. Wir sind abermals verwirrt, denn laut Fallblattzugzielanzeiger müßten wir die grüne S 8 nach Bernau sein, wir fühlen uns aber als die blaue S 10 nach Birkenwerder. Was stimmt nun? Wir fahren los und wissen es nicht. In Blankenburg aber informiert man uns dahingehend, daß wir doch die S 10 sind.

Nun kommen die acht Minuten Fahrzeit zwischen **Blankenburg** und **Mühlenbeck-Mönchsmühle**. Wenn es jemand darauf anlegt, überfallen zu werden, sollte er sich nachts hier in die S-Bahn setzen. Niemand hörte seinen Hilfeschrei. Es geht übers flache Land, und ehe auf den gottverlassenen Bahnhöfen eine Aufsicht erscheint, wäre der Täter über alle Berge.

Kurz vor **Bergfelde** hätte es Hüne-Peter um ein Haar doch noch erwischt. Das Herz. Er hat beide Hände an den Aluminium-Klinken, als der Strom ausfällt und wir ein Stückchen durchs absolute Dunkel rollen. Da hole ich meinen Elektroschokker aus der Tasche und drücke auf den Auslöser. Und im selben Augenblick, als vorn zwischen den Elektroden die vielen tausend Volts unheimlich knistern, erzeugt der Stromabnehmer außen am Wagen einen so wahnsinnig großen bläulichen Funken, daß Hüne-Peter glauben muß, der würde zu ihm überspringen. Ein Schrei.

Zur Strafe bekomme ich Zahnschmerzen vom Elektrosmog.

**Hohen Neuendorf** verlassen wir die S 10, und verlassen steht sie nun da, als sie der S 1 nach Oranienburg Vorrang einräumen muß. Nur noch ihr Fahrer ist bei ihr an Bord. Fünf Leute warten mit uns, zwei haben Fahrräder dabei. Der Altersdurchschnitt liegt bei zwanzig Jahren.

Pünktlich 0 Uhr 16 fährt er ab, unser Zug der S 1, bis Anhalter Bahnhof nur noch. Allein im ersten Wagen sitzen Leute. Wir steigen in den zweiten. Zwei dunkelblaue Wachmänner folgen uns.

Ich bete nicht gerade darum, aber denke doch: Bitte, liebe Hilfs-Sheriffs, beschuldigt uns, die dreckigen und zerrissenen Zeitungen im Wagen verstreut zu haben, schnauzt uns an, nehmt uns fest, durchsucht uns nach Waffen, schleudert uns in den Staub, werft uns in eine Zelle … Es muß doch endlich was passieren, das sind wir dem Ruf Berlins ganz einfach schuldig. Normal ist schal, und eine Metropole, die New York immer ähnlicher werden will, muß doch mehr zu bieten haben als nächtliche Gemütlichkeit.

Doch alles ist vergeblich. Im Wagen 876 430–0 gibt es keine Szenen aus dem Wilden Norden.

**Frohnau:** Die Sieger kehren heim. Furchtlos hatten wir uns in das Abenteuer der empirischen S-Bahnforschung gestürzt und waren tagelang davor nur noch mit den Gedanken an Tod und Verstümmelung ins Bett gegangen. Jetzt war alles überstanden, und wir hatten überlebt. Rauschhaftes Glück erfaßt uns nun.

Immerhin hat bei dieser denkwürdigen Nachtfahrt auf und mit der Berliner S-Bahn einer heftig gezittert: Der scharfe Wachhund, den wir zu unserem Schutze angeheuert hatten.

P. S. In den Polizeinachrichten des »Tagesspiegels« vom 5. Mai 1997 lesen wir dies: *Von etwa 15 Neonazis sind vier Nachtschwärmer gestern früh gegen 0.10 Uhr auf dem S-Bahnhof Friedrichstraße in Mitte angegriffen worden. Als die Polizei zu Hilfe kam, sprangen die Täter in einen abfahrbereiten Zug und entkamen. Die Opfer erlitten Prellungen und teils blutende Gesichtsverletzungen. Ein Motiv für den Überfall war gestern nicht erkennbar.*

# Vom ersten Kilometer bis zur letzten Niete

*Mit der S-Bahn ins Bett und in den Schlaf*

Liebenswerte Details: Oberwagenlaternen, Zielschilderkasten und Funkenhörner des Hilfsstromselbstschalters an einem Zug der Bauart »Stadtbahn«.

Seit Jahren nehme ich die »Berliner Verkehrsblätter« (BVB) und das »Signal« sofort mit ins Bett, wenn die Hefte neu erschienen sind. Dort findet sich immer das Neueste und Aktuellste über die S-Bahn. Die gedanklichen, die virtuellen Fahrten mit der S-Bahn und das Träumen von vergangenen S-Bahn-Zeiten sind dann das, was mich völlig abschalten und in wohlige Welten hinübergleiten läßt, sind mein positiver Anker, wie sie das beim neurolinguistischen Programmieren (NLP) nennen, auch eine Art autogenes Training.

S-Bahn-Erinnerungen brauchen nicht nur den eigenen Speicher und die Fähigkeit, sich ins Damals zurückversetzen zu können, sondern auch die Stimuli der Bilder und Worte, das heißt, ohne S-Bahn-Bücher funktioniert das Ganze nicht oder nicht so gut. So kommt es, daß ich bestimmte Bücher immer wieder aus dem Regal nehme und durchblättere wie ein Kind sein Lieblingsbilderbuch.

Bei Alfred Behrens und Volker Noth (Quelle 3) und Gottwaldt/Kuom/Risch (Quelle 26) finden sich so opulente Fotografien, daß es geradezu schmerzlich schön ist, sie anzusehen. So im letztgenannten Bildband auf Seite 119 das Bild 150: Führerhausdetails am Düppeler »Paßviertel«. »Auch diese Details«, heißt es dazu im Text, »machen Stück für Stück zusammen die Berliner S-Bahn aus: Oberwagenlaterne und Zielkasten, Nietenreihen und Zuggruppenschild, Typhon, Steuerstrom-Dachschalter und der kleine Fahnenhalter unter dem mittleren Fenster.« Hier kann man S-Bahn fühlen. Diese Ästhetik ist ein Glücksfall, und die Archäologen des Jahres 4000 müßten beim Anblick dieses Fotos eigentlich ebenso entzückt sein wie ihre Kollegen vom Anfang dieses Jahrhunderts, als ihnen der Hermes des Praxiteles in die Hände gefallen war. Schön, det is'n bißchen dicke, aber dennoch … Wobei ich nie mit der

## Historische Streckennamen und heutige Liniennummern

Die verschiedenen S-Bahn-Strecken werden heutzutage durch Liniennummern bezeichnet. Viele Jahrzehnte hindurch war das anders: Jede Strecke hatte ihren Namen, Liniennummern gab es nicht.

Diese Namen nicht in Vergessenheit geraten zu lassen, bedeutet die Verbindung zu einem wichtigen Stück Stadtgeschichte nicht zu verlieren – ganz abgesehen davon, daß die alten Bezeichnungen zugleich eine wichtige Orientierungshilfe sein können, wohin die Reise mit der einen oder anderen Linie geht.

Die Zuordnung der historischen Namen zu den heutigen S-Bahn-Strecken ist in einigen Fällen nicht exakt möglich, etwa weil es zwischenzeitlich zur Verlegung oder neuen Verknüpfung von Streckenabschnitten kam. Einige Stationen hatten nie elektrischen S-Bahn-Anschluß. Für die Bahnhöfe werden die heute gültigen Namen verwendet (Stand Jahresplan 1997/98).

| | | |
|---|---|---|
| Anhalter Bahn | Yorckstraße – Lichterfelde Ost (zukünftig bis Teltow)<br>bis Lichterfelde Ost | S 25 |
| Berliner Außenring | Springpfuhl – Wartenberg | S 75 |
| | Adlershof – Schönefeld | S 45, S 9 |
| | Karower Kreuz – Bergfelde – Hohen Neuendorf | S 10 |
| Bahn nach Spindlersfeld (»Spinne«) | Schöneweide – Spindlersfeld | S 10 |
| Dresdner Bahn | Yorckstraße – Blankenfelde (–Rangsdorf) | S 2 |
| Friedhofsbahn | Wannsee – Stahnsdorf | seit 1961 nicht mehr in Betrieb |
| Görlitzer Bahn | (früher: Görlitzer Bahnhof –) Plänterwald – Königs Wusterhausen | S 46, S 6, S 8, S 10 |
| Hamburger Bahn/Lehrter Bahn | Lehrter Bahnhof – Spandau – Staaken bzw. Falkensee<br>(über Siemensstadt – Fürstenbrunn) | z. Z. kein S-Bahn-Betrieb |
| Kremmener Bahn | Schönholz – Tegel (zukünftig bis Hennigsdorf, eventuell Velten) | S 25 |
| Nordbahn | Eberswalder Straße/Nordbahnhof (früher Stettiner Bahnhof) – Oranienburg | S 1, S 2 |
| Nord-Süd-S-Bahn | Humboldthain – Yorckstraße (bzw. Großgörschenstraße) | S 1, S 2, S 25 |

| | | |
|---|---|---|
| Ostbahn | Wriezener Bahnhof (früher Ostbahnhof)/ Hauptbahnhof (früher Schlesischer Bahnhof) – Strausberg (mit Verlängerung nach Strausberg Nord) | S5 |
| Ringbahn | Papestraße – Papestraße | Wiederherstellung bis zur Jahrtausendwende geplant; heute nur auf den Abschnitten Jungfernheide und Neukölln (S 45, S 46) sowie Schönhauser Allee – Treptower Park (S 8, S 10) in Betrieb, ab Dezember 1997 auch Neukölln – Treptower Park |
| Siemensbahn | Jungfernheide – Gartenfeld | seit 1980 nicht mehr in Betrieb |
| Schlesische Bahn/Frankfurter Bahn | Hauptbahnhof – Ostkreuz – Erkner | S 3 |
| Spandauer Vorortstrecke (»Westbahn«, »Sportbahn«) | Charlottenburg/Westkreuz – Spandau | ab Anfang 1998 teilweise wieder in Betrieb |
| Stadtbahn | Ostkreuz/Hauptbahnhof – Charlottenburg/Westkreuz | verschiedene Linien |
| Stammbahn/Potsdamer Bahn | Potsdamer Bahnhof (am Potsdamer Platz) – Zehlendorf – Griebnitzsee – Potsdam Stadt (nur teilweise mit elektrischem Betrieb) | zwischen Griebnitzsee und Potsdam Stadt als Bestandteil der verlängerten Stadtbahn (S 7) |
| Stettiner Bahn | Nordbahnhof – Bernau | teilweise als S 1, S 2, S 25 bzw. S 8, S 10 |
| Südringspitzkehre | Schöneberg bzw. Papestraße – Potsdamer Ringbahnhof (am Potsdamer Platz) | seit 1944 nicht mehr in Betrieb |
| Verbindungsstrecke Ringbahn – Görlitzer Bahn | Neukölln – Baumschulenweg – Köllnische Heide | S 45/S 46 |
| Wannseebahn | Wannsee – Yorckstraße (– Potsdamer Wannseebahnhof) | S 1 |
| Wetzlarer Bahn (verlängerte Stadtbahn) | Charlottenburg/Westkreuz – Griebnitzsee | S 7 |
| Wriezener Bahn | (Ostbahnhof –) Ostkreuz – Ahrensfelde | S 7 |

S-Bahn von Zehlendorf nach Düppel-Kleinmachnow gefahren bin, nicht einmal nach der Stilllegung mit dem dieselgetriebenen Sonderzug zum Museumsdorf.

Ein absolutes Muß für jeden S-Bahn-Fan – und bei mir schon fürchterlich zerfleddert – ist der Katalog zur großen S-Bahn-Ausstellung von 1982 (Quelle 22) mit den schon alles sagenden Kapitelüberschriften »Zur Gesellschaftsgeschichte der Berliner S-Bahn«, »Stadtgeschichte«, »Bauten und Konstruktionen«, »Leben mit der S-Bahn«, »Stadtwahrnehmung & Kunst«, »Technik & Betrieb« und »Die Zukunft der S-Bahn«. Das ist Geschichtsschreibung, wie sie nicht besser sein kann – bis hin zu einem S-Bahn-Glossar, wo man erfährt, was eine »Owala« ist (eine Oberwagenlaterne der Baureihe 165/275, ein Zugschlußsignal), ein »Rotkäppchen« (eine weibliche Bahnhofsaufsicht) oder der »Veep« (der »Vereinfachte, eingleisige, elektrische Pendelbetrieb«). Auf derselben Linie liegt der von Gerhard Armanski und Wolfgang Hebold-Heitz herausgegebene Band »Züge aus der Vergangenheit« (Quelle 1), wo der S-Bahner-Streik von 1980 und die Arbeitsbedingungen der Bediensteten breiten Raum einnehmen.

Unverzichtbar für das Verständnis der S-Bahn in Ostberlin ist der von einem Autorenkollektiv herausgegebene Bildband »Berlin und seine S-Bahn« (Quelle 2). Die Ostberliner, für die unsere S-Bahn immer das Verkehrsmittel Nr. 1 geblieben ist, werden sich an vieles noch erinnern können, was ihren »sozialistischen Alltag« damals bestimmt hat, und die Westler bekommen ein Gespür dafür, was den Charme dieser Zeit, die Ostalgie, ausgemacht haben könnte.

Einzigartige Kompendien sind und bleiben natürlich die beiden Alba-Bände mit dem Titel »Die Berliner S-Bahn«, zuerst 1974 von Hans D Reichardt auf den Markt gebracht (Quelle 56), dann ab 1980 in regelmäßigen Neuauflagen fortgesetzt von Peter Bley (Quelle 10).

Das spezielle Berlin-Heft der Fachzeitschrift »Straßenbahn Magazin/Nahverkehr« (Quelle 63) enthält einen großen S-Bahn-Teil mit Ausflügen in die Geschichte, informativen Fotos, Streckenplänen, aktuellen Tourentips und Betrachtungen über die Zukunft der Berliner S-Bahn.

Die beiden vorliegenden »Arbeitshefte der Berliner Denkmalpflege« haben ihre Schwerpunkte in den architektonischen Besonderheiten der Stadtbahn (Quelle 58) und der Strecke nach Lichtenrade (Quelle 59), bieten aber dem S-Bahn-Interessierten auch sonst eine Menge Wissenswertes.

Wenn ich nun zur Reihe der lesenswerten Monographien komme, möchte ich mit dem sehr geschätzten Schriftstellerkollegen Heinz Knobloch beginnen, dessen »Geisterbahnhöfe« (Quelle 35) ebenso kenntnis- wie detailreich und sprachlich schön die Geschichte der »Westlinien unter Ostberlin« erzählen. Karen Meyer geht noch einige Jahre weiter zurück und berichtet von der dramatischen Überflutung des Nord-Süd-Tunnels in den letzten Tages des Zweiten Weltkriegs, also auch der Geisterbahnhöfe (Quelle 47).

Wer es zu bestimmten Themen ganz genau wissen möchte, der greife zu den wissenschaftlich angelegten und dennoch spannenden Broschüren von »Signal«, »IGEB«, »Pro Bahn«, »GVE« und »Berliner S-Bahn-Museum«: »Strecke ohne Ende. Die Berliner Ringbahn« (Quelle 5), »S-Bahn nach Teltow« (Quelle 4), »70 Jahre elektrisch. Zur Entwicklung der Berliner S-Bahn« (Quelle 9), »Die Stadtbahn« (Quelle 8), »Nord-Süd-Bahn. Vom Geistertunnel zur City-S-Bahn« (Quelle 38) und »S-Bahn ins Havelland« (Quelle 52).

Auch über die Zukunft der Berliner S-Bahn und die nächsten Wiedereröffnungen stillgelegter Strecken (»Lückenschlüsse«) gibt es eine Über-

Begegnung auf der ehemaligen Grenze zwischen Ost und West: Zwei S-Bahnzüge treffen sich auf der Brücke über den Humboldthafen am Lehrter Bahnhof.

Charlottenburg
S507

sicht in der Quelle 63 und detaillierte Berichte in den SIGNAL-Ausgaben 9–10/1996 (»Bald wieder von Westend nach Jungfernheide«) und 2/1997 (»Abbruch für den Neuaufbau. An der S-Bahnstrecke Berlin-Tegel – Hennigsdorf wird endlich gearbeitet«) sowie den Berliner Verkehrsblättern 6/96 (»Der Nordring im Frühjahr 1996«) und »punkt 3«, Nr. 10/96.

Wer alte S-Bahn zum Anfassen haben möchte, der fahre mit der S 7 ins Berliner S-Bahn-Museum, aussteigen Griebnitzsee, siehe »Signal« 7/1996.

Jürgen Meyer-Kronthaler plant, wie zu hören ist, ein Buch über die Bahnhöfe der Berliner S-Bahn, ein Pedant zu »Berlins U-Bahnhöfen«. Freuen wir uns darauf.

In letzter Zeit hat sich – neben dem Sammeln und Verschlingen der eben genannten Bücher – noch ein anderes Symptom der S-Bahn-Sucht bei mir wie vielen tausend anderen gezeigt: das Sehen von Videos mit sogenannten Führerstandsmitfahrten. Die Kamera ist vorn angebracht, und 1:1, was die Fahrzeit betrifft, kann man schon fast alle Berliner S-Bahnstrecken abfahren. Ein alter Kindertraum ist damit wahr geworden – fast jedenfalls, wenn man einen großen Bildschirm hat und für virtuelle Welten empfänglich ist. Man hört nur das Klacken des Fahrschalters, das Zischen der Bremsluft und die vernuschelten Ansagen der Zugabfertiger draußen auf den Bahnsteigen. Steht der Zug zwei Minuten in … sagen wir: Ostkreuz, hat man auf dem Bildschirm zwei Minuten lang nichts als ein Standbild. Nichts als … Nein, alles hat man da, denn man kommt zur Entdeckung der Langsamkeit und zum Segen der Kontemplation, fällt aus der Zeit und vergißt alles, was einen eben noch beschäftigt hat.

»Alles aussteigen, Zug endet hier.« Wir alle – das Berliner S-Bahn-Museum, der Jaron Verlag und ich –, wir hoffen, daß Sie eine angenehme Fahrt gehabt haben und würden uns freuen, Sie bald wieder an Bord unserer Berliner S-Bahn begrüßen zu dürfen.

## Literatur


(1) Armanski, Gerhard, Hebold-Heitz, Wolfgang (Hrsg.), Züge aus der Vergangenheit – Die Berliner S-Bahn, Transit, Berlin 1981

(2) Autorenkollektiv, Berlin und seine S-Bahn. Ein Bildband über die Bahn und ihre Menschen, transpress, Berlin 1987

(3) Behrens, Alfred, Noth, Volker, Berliner Stadtbahnbilder, Ullstein, Berlin 1981

(4) Berliner Fahrgastverband IGEB e. V. (Hrsg.), S-Bahn nach Teltow, Signal-Sonderausgabe, Verlag Gesellschaft für Verkehrspolitik und Eisenbahnwesen (GVE) e. V., Berlin 1995

(5) Berliner Fahrgastverband IGEB e. V. und Berliner S-Bahn-Museum GbR (Hrsg.), Strecke ohne Ende. Die Berliner Ringbahn, Signal-Sonderausgabe, Verlag Gesellschaft für Verkehrspolitik und Eisenbahnwesen (GVE) e. V., Berlin 1993

(6) Berliner S-Bahn-Museum, Das Berliner S-Bahn-Museum stellt sich vor, in: Signal, 7/96, 11–14

(7) Berliner S-Bahn-Museum, Die Berliner S-Bahn vor 50 Jahren. Ein Rückblick auf das Kriegsende, in: Signal, 3–4/95, 17–19

(8) Berliner S-Bahn-Museum, Die Stadtbahn. Ein Viadukt mitten durch Berlin. Baugeschichte von 1875 bis heute, Signal-Sonderausgabe, Verlag Gesellschaft für Verkehrspolitik und Eisenbahnwesen (GVE) e. V., Berlin 1996

(9) Berliner S-Bahn-Museum, 70 Jahre elektrisch. Zur Entwicklung der Berliner S-Bahn, Verlag Gesellschaft für Verkehrspolitik und Eisenbahnwesen (GVE) e. V., Berlin 1994

(10) Bley, Peter, Berliner S-Bahn, 4. Aufl., Alba, Düsseldorf 1989

(11) Bock, Peter, Vor 35 Jahren: Reichsbahn und Mauerbau in Bildern und Dokumenten, in: Verkehrsgeschichtliche Blätter, 4/1996, 74–79

(12) Bosetzky, Horst, Brennholz für Kartoffelschalen, Argon, Berlin 1995

(13) Bosetzky, Horst, Capri und Kartoffelpuffer, Argon, Berlin 1997

(14) Bosetzky, Horst, Gottwaldt, Alfred (Reineck, Klaus), Noch jemand ohne Fahrschein? Straßenbahn-Erinnerungen, Jaron, Berlin 1997

(15) Bosetzky, Horst, Schulz zur Wiesch, Jochen (Hrsg.), Mythos S-Bahn und anderes über die Alternativen zum MIV, Publikationen der Fachhochschule für Verwaltung und Rechtspflege Berlin, Heft 71, Berlin 1990

(16) Braun, Michael, Der Vorortverkehr auf der Ostbahn. Teile 1, 2 und 3, in: Berliner Verkehrsblätter, 2/93, 23–30, 3/93, 47–55, und 4/93, 87–96

(17) Braun, Michael, Entwicklung der Türen bei der Berliner S-Bahn. Teile 1 und 2, in: Berliner Verkehrsblätter, 1/97, 5–12, und 2/97, 28–38

(18) Braun, Michael, S-Bahn-Tangente am Außenring. Teile 1, 2 und 3, in: Berliner Verkehrsblätter, 2/94, 19–25, 3/94, 51–58, und 4/94, 69–74

(19) Der Tagesspiegel, 16. 3. 1997

(20) Der Tagesspiegel, 24. 3. 1997, »Wie die Grünen beinahe die BVG ruiniert hätten«, S. 7

(21) Deutsche Reichsbahn/Reichsbahndirektion Berlin, Auszug aus den wichtigsten Dienstvorschriften für den Berliner Triebwagenzugdienst, Berlin, April 1948

(22) Die Berliner S-Bahn. Gesellschaftsgeschichte eines industriellen Verkehrsmittels. Katalog zur Ausstellung der Neuen Gesellschaft für Bildende Kunst (NGBK), 28. 11. 1982–12. 1. 1983, Verlag für Ästhetik und Kommunikation, Berlin 1982

(23) eisenbahn illustrierte special, Schwerpunkt: Eisenbahnkreuz Berlin, BahnProfil 1/IV, Quartal 1996

(24) eisenbahn kurier, »EK-Special 7«, Eisenbahnmetropole Berlin, Berliner S-Bahn – 60 Jahre Stadtbahnwagen, o. J. (1987), 56–63

(25) Gottwaldt, Alfred, Das Berliner U- und S-Bahnnetz. Eine Geschichte in Streckenplänen, Argon, Berlin 1994

(26) Gottwaldt, Alfred, Kuom, Hermann, Risch, Karsten, Die S-Bahn in Berlin – Ende und Neubeginn eines legendären Verkehrsmittels, Kohlhammer, Stuttgart 1984

(27) Hiller, Mathias, Frakturschriften bei der Berliner S-Bahn, in: Signal, 9–10/95, 15–16

(28) IGEB, Bald wieder von Westend nach Jungfernheide, in: Signal, 9–10/96, 4–6

(29) IGEB, 31. Mai 1992: Wieder »klassisch« von Wannsee bis Oranienburg, in: Signal, 5/92, 9–10

(30) IGEB, S-Bahn in Charlottenburg – ein Rückblick, in: Signal, 4/88, 11-

(31) IGEB, Schienenverkehrsknoten Nordkreuz, in: Signal, 2/95, 4–5

(32) IGEB, Neue S-Bahn: Der nächste Versuch oder das Fahrzeug der Zukunft, in: Signal, 3–4/96, 4–6

(33) IGEB, S-Presso – Mehr als Imbißverkauf, in: Signal, 7/96, 10

(34) Jacob, Manuel, Erfahrungen mit der Duo-S-Bahn, in: Berliner Verkehrsblätter, 11/1996, 209–211

(35) Knobloch, Heinz, Geisterbahnhöfe. Westlinien unter Ostberlin, Ch. Links Verlag, Berlin 1992

(36) Kramer, Wolfgang, Viertelzug 481 001/482 001, in: Berliner Verkehrsblätter, 4/96, 75–76

(37) Kuhlmann, Bernd, Die Zugsicherungsanlagen der

Berliner S-Bahn, Teil 1, in: Berliner Verkehrsblätter, 11/92, 223–228
(38) Interessengemeinschaft Eisenbahn und Nahverkehr Berlin (IGEB) e. V., Nord-Süd-Bahn. Vom Geistertunnel zur City-S-Bahn, Signal-Sonderausgabe, Verlag Gesellschaft für Verkehrspolitik und Eisenbahnwesen (GVE) e. V., Berlin 1992
(39) -ky, Blut will der Dämon, rororo-thriller 3091, Reinbek 1993
(40) -ky, Da hilft nur noch beten, rororo-thriller 2883, Reinbek 1988
(41) -ky, Ein Deal zuviel, rororo-thriller 3065, Reinbek 1992
(42) -ky, Fendt hört mit, Berlin Crime 11, Schwarzkopf & Schwarzkopf, Berlin 1994
(43) -ky, Geh doch wieder rüber!, rororo-rotfuchs 415, Reinbek 1986
(44) -ky, Mongo, in: Auf und davon, rororo-rotfuchs 664, Reinbek 1992, 231–241
(45) -ky, Sonst gibt's den großen Crash!, Patmos, Düsseldorf 1997
(46) -ky, Wie ein Tier. Der S-Bahn-Mörder. Dokumentarischer Roman, Argon, Berlin 1995
(47) Meyer, Karen, Die Flutung des Berliner S-Bahntunnels in den letzten Kriegstagen. Rekonstruktion und Legenden, Verlag Gesellschaft für Verkehrspolitik und Eisenbahnwesen (GVE) e. V., Berlin 1992
(48) Meyer-Kronthaler, Jürgen, Der Nordring im Frühjahr 1996, in: Signal, 6/96, 107
(49) moderne eisenbahn, me-spezial, S-Bahn Berlin, 10. Jahrgang, August 1971
(50) Neubacher, Friedrich, Wieder Frohnau – Hohen Neuendorf, in: Berliner Verkehrsblätter, 7/92, 146–148
(51) Neubacher, Friedrich, Wiederinbetriebnahme des Nord-Süd-S-Bahn-Tunnels, in: Berliner Verkehrsblätter, 4/92, 76–78
(52) Pro Bahn e. V. Landesverband Berlin (Hrsg.), S-Bahn ins Havelland, Signal-Sonderausgabe, Verlag Gesellschaft für Verkehrspolitik und Eisenbahnwesen (GVE) e. V., Berlin 1993
(53) punkt 3, Bahn-Informationen für Berlin/Brandenburg, Ausgabe 10, 22. 11. 1996
(54) punkt 3, Bahn-Informationen für Berlin/Brandenburg, Ausgabe 23. 1. 1997
(55) punkt 3, Bahn-Informationen für Berlin/Brandenburg, Nr. 2/97
(56) Reichardt, Hans D, Berliner S-Bahn, Alba, Düsseldorf 1974
(57) Reichsbahndirektion Berlin, Verwaltung S-Bahn (Hrsg.), 50 Jahre Berliner S-Bahn – 1924–1974, Berlin (DDR) 1974
(58) Schmidt, Hartwig, Eilhardt, Eva-Maria, Die Bauwerke der Berliner S-Bahn. Die Stadtbahn, Arbeitshefte der Berliner Denkmalpflege, Wissenschaftsverlag Volker Spiess, Berlin 1984
(59) Schmidt, Hartwig, Tomisch, Jürgen, Die Bauwerke der Berliner S-Bahn. Die Vorortstrecke nach Zossen, Arbeitshefte der Berliner Denkmalpflege 2, Wissenschaftsverlag Volker Spiess, Berlin 1985
(60) Schreck, Meyer und Strumpf, S-Bahnen in Deutschland. Planung, Bau, Betrieb, 2. Aufl., Alba, Düsseldorf 1979
(61) Stinde, Julius, Die Familie Buchholz, Mosaik, Hamburg 1962
(62) Straßenbahn Magazin/Nahverkehr, Nr. 99, 1/96
(63) Straßenbahn Magazin/Nahverkehr, Special, Ausgabe I: Berlin, Nahverkehr in Berlin, 1996
(64) Weiland, Louis-André, S-Bahn-Rollbänder, in: Berliner Verkehrsblätter, 4/95, 63–64

## Bildquellen

Berliner S-Bahn-Museum (Udo Dittfurth, Marc Heller, Ivo Köhler, Mario Lange, Michael Müller, Dirk Riediger, Thorsten Staeck) Vor-/Nachsatz, 10 u, 11o, 11u, 12, 16, 17, 18, 19, 25, 27, 28, 29, 34, 35, 36, 38, 46, 49, 52, 53, 54, 55, 58, 59, 63, 65, 70o, 70 u, 72, 74, 75, 77, 81, 82, 84, 87, 95 o, 95 u, 96, 97, 99, 100, 101, 103 o, 103 u, 113, 117

Deutsche Reichsbahn, Zentrale Bildstelle 9, 14, 21, 67, 76

Gesche, W. 22

Götze, Michael 71, 73, 90

Klinec, Michael 2, 32, 42, 44, 47, 51, 60, 121

Landesbildstelle Berlin 10 o, 40

# Ihre nächste Party könnte eine Zeitreise sein

Suchen Sie das Erlebnis, von dem alle Beteiligten noch lange Zeit sprechen werden? -
Dann tauchen Sie mit einem Museumszug der S-Bahn ein in das Ambiente der Goldenen Zwanziger.
Stellen Sie sich Ihre Wunschtour zusammen: Vorbei an historischen Gebäuden und Plätzen, Denkmälern und Museen lassen Sie Berliner Geschichte Revue passieren und entdecken, was in dieser großen Stadt an Neuem entsteht.
Egal, ob Sie in den historischen Wagen 2. oder 3. Klasse reisen - eine Fahrt mit dem Museumszug ist immer erstklassig.
Gönnen Sie sich für Ihren nächsten Betriebsausflug, Ihre Tagung oder Familienfeier diese unvergeßliche Reise in die Vergangenheit.

Anfragen und Buchungen:
S-Bahn Berlin GmbH
Frau Fischer
Tel: 0 30 - 29 71 98 46
Fax: 0 30 - 29 71 98 31

S-Bahn Berlin GmbH

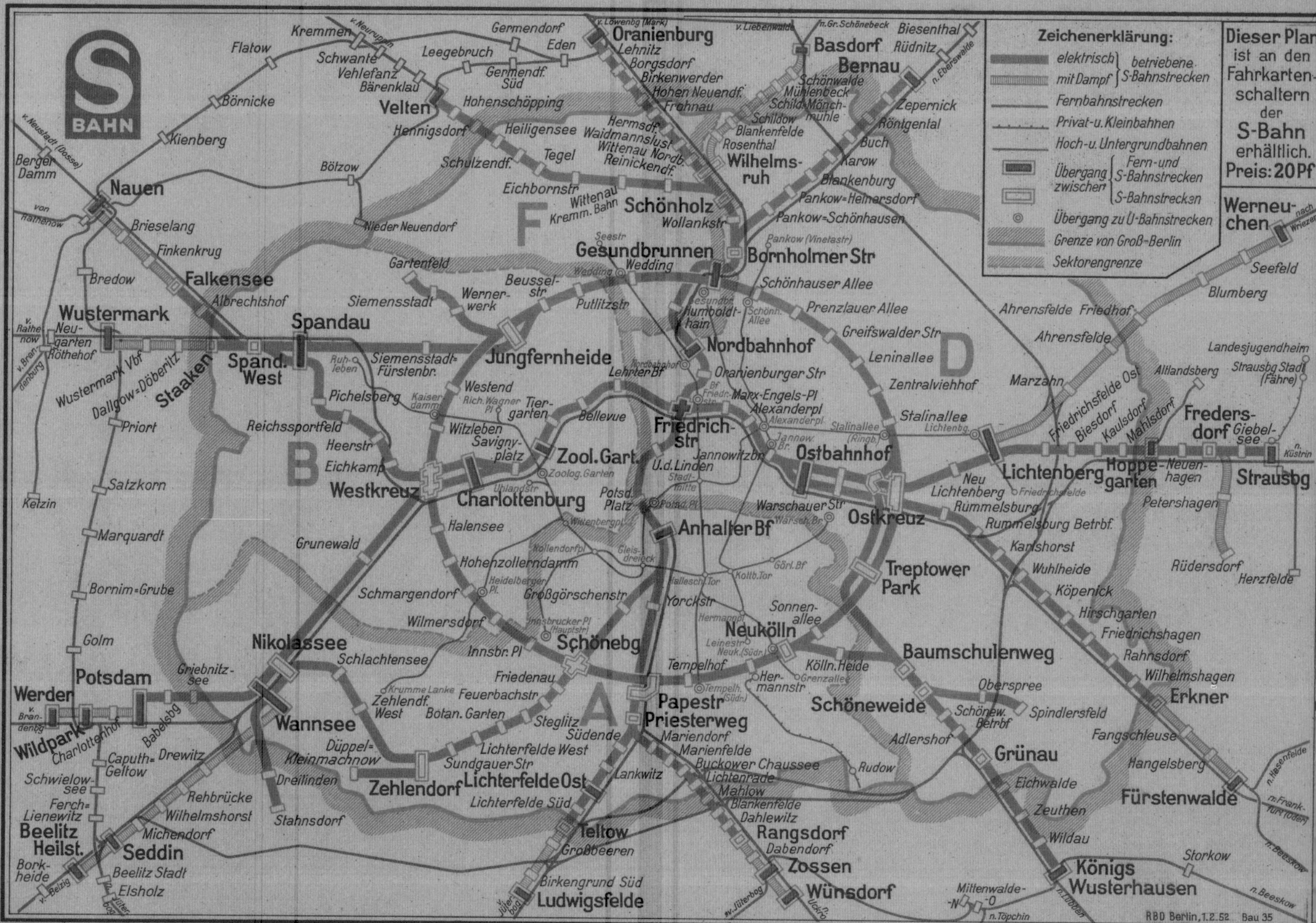


Bln 7033

Plz 48/14